FORSCHUNGSBERICHT DES LANDES NORDRHEIN-WESTFALEN

Nr. 2743/Fachgruppe Mathematik/Informatik

Herausgegeben im Auftrage des Ministerpräsidenten Heinz Kühn
vom Minister für Wissenschaft und Forschung Johannes Rau

Wiss. Rat und Prof. Dr. rer. nat. Franz Kolberg

Institut für Wirtschafts- und Sozialwissenschaften
der Universität Münster

Zeitdiskrete instationäre Lagerhaltungsmodelle mit Markov'schem Preis-Nachfrage-Prozeß

Westdeutscher Verlag 1978

CIP-Kurztitelaufnahme der Deutschen Bibliothek

Kolberg, Franz
Zeitdiskrete instationäre Lagerhaltungsmodelle mit Markovschem Preis-Nachfrage-Prozess. - 1. Aufl. - Opladen: Westdeutscher Verlag, 1978.

(Forschungsberichte des Landes Nordrhein-Westfalen ; Nr. 2743 : Fachgruppe Mathematik, Informatik)
ISBN 3-531-02743-3

Gesamtherstellung: Westdeutscher Verlag

Printed in Germany

ISBN 3-531-02743-3

Meinem verehrten Lehrer

Professor Dr. Hubert Cremer

zur Vollendung des achtzigsten Lebensjahres

Inhalt

I. Einleitung

Die vorliegende Arbeit behandelt eine gewisse Erweiterung der Mehr-Perioden-Lagerhaltungsmodelle von Arrow - Harris - Marschak [1], Scarf [12], Karlin/Fabens [8], Veinott [13] sowie Kalymon [7] für ein einzelnes Gut. Die wesentliche hier betrachtete Verallgemeinerung liegt darin, daß einerseits der Preis (je Mengeneinheit) des zu lagernden Gutes als eine vom Preis und der Nachfrage der vorherigen Periode abhängige Zufallsvariable und andererseits die Periodennachfrage als eine vom Preis in der gegenwärtigen Periode und der Nachfrage der vorherigen Periode abhängige Zufallsvariable unterstellt werden. Die zugehörigen bedingten Wahrscheinlichkeitsverteilungen werden dabei als bekannt aber von Periode zu Periode unterschiedlich (instationär) angenommen. Bei Arrow - Harris - Marschak sowie Scarf hingegen wird der Preis des zu lagernden Gutes als deterministisch unterstellt, ferner ist die Periodennachfrage dort eine von den Nachfragen der vorherigen Perioden unabhängige Zufallsvariable mit für alle Perioden gleicher Wahrscheinlichkeitsverteilung. Karlin/Fabens hingegen behandeln ein Einperiodenmodell mit deterministischem Preis aber diskreter stationärer Markov-abhängiger Periodennachfrage. Veinott schließlich betrachtet Mehrperiodenmodelle, bei denen die Preise ebenfalls deterministisch aber von Periode zu Periode unterschiedlich sind und die Periodennachfragen als voneinander unabhängige Zufallsvariable mit von Periode zu Periode unterschiedlichen Wahrscheinlichkeitsverteilungen angenommen werden (instationäres Modell). Kalymon untersucht ein Lagerhaltungsmodell, bei dem der Preis des zu lagernden Gutes eine vom Preis der vorherigen Periode abhängige Zufallsvariable und die Periodennachfrage eine vom Preis der gegenwärtigen Periode abhängige Zufallsvariable darstellt. Die zugehörigen bedingten Verteilungsfunktionen können dabei - im Falle eines endlichen Planungshorizonts - von Periode zu Periode unterschiedlich sein (instationäres Modell).

Aus dieser kurzen Beschreibung ist bereits ersichtlich, daß jedes dieser gerade beschriebenen Modelle durch geeignete Spezialisierung aus dem in dieser Arbeit vorgestellten Modell gewonnen werden kann.

Ziel der vorliegenden Arbeit ist einerseits die mathematische Beschreibung dieses Modells mit Hilfe von Funktionalgleichungen und zum anderen die Ermittlung der Struktur einer optimalen Politik sowie die Aufstellung von Einschließungssätzen für die Parameter einer optimalen Politik. Unter Ausnutzung der in dieser Arbeit erhaltenen Aussagen ist damit eine effiziente Berechnung einer optimalen Politik möglich.

Wie bereits erwähnt, bezieht sich das hier beschriebene Modell auf die Lagerhaltung eines einzelnen Gutes. Ferner handelt es sich um ein Mehrperiodenmodell, d. h. zu Beginn einer jeden Periode - die Anzahl der Perioden kann endlich oder auch unendlich sein, die Länge jeder einzelnen der Perioden werde der Einfachheit halber als gleich, z. B. gleich der betrachteten Zeiteinheit angenommen - ist eine Entscheidung über die zu bestellende Menge des Gutes unter Ausnutzung der bis dahin vorliegenden Information zu treffen. Der zeitliche Ablauf des Prozesses soll dabei der folgende sein. Zu Beginn jeder Periode wird - z. B. durch einen Produzenten oder einen Produzentenverband - der für diese Periode gültige Preis als Zufallsvariable festgelegt, entsprechend einer (bedingten) Wahrscheinlichkeitsverteilung unter der Bedingung bekannter Nachfrage und bekannten Preises der Vorperiode. Eine solche Annahme erscheint vernünftig, da ja zu Beginn einer Periode die Vorgänge der Vorperiode bereits realiter abgelaufen sind. Aufgrund des realisierten Preises und des realisierten Anfangslagerbestandes der gegenwärtigen Periode sowie der realisierten Nachfrage der Vorperiode - die weitere Vergangenheit des Prozesses ist für die Festlegung einer optimalen Bestellmenge irrelevant - trifft der Lagerhalter seine Entscheidung über die zu bestellende Menge des Gutes. Je nach Modellvariante wird unterstellt, daß die aufgegebene Bestellung momentan bzw. nach Ablauf einer deterministischen Lieferzeit, die als gleich einem ganzzahligen Vielfachen der Periodendauer angenommen wird, am Lager eintrifft. Nach Aufgabe der Bestellung setze die Nachfrage ein, welche zu einer Reduzierung des Lagerbestandes führt. Diese Nachfrage sei eine Zufallsvariable, deren (bedingte) Wahrscheinlichkeitsverteilung unter der Bedingung bekannten Preises der laufenden Periode und bekannter Nachfrage der vorherigen Periode gegeben sei. Die zur Festlegung dieser Wahrscheinlichkeitsverteilung erforderlichen Informationen kann der Nachfrager z. B. durch Verbraucherverbände erhalten. Anschließend erfolgt wieder eine Preisfestsetzung, Festsetzung der Bestellmenge usw.

Wie man dieser Beschreibung des Modells entnimmt, wird also unterstellt, daß es sich bei dem Preis-Nachfrage-Prozeß um einen instationären Markov-Prozeß handelt. Die detaillierte wahrscheinlichkeitstheoretische Beschreibung des Preis-Nachfrage-Prozesses kann man Abschnitt 1.1 entnehmen.

Die folgende Kostenstruktur wird bei unserem Modell unterstellt: Mit der Aufgabe einer Bestellung fallen sowohl fixe Kosten als auch der Bestellmenge proportionale Kosten an. Ferner fallen in jeder Periode Lagerungs- und Fehlbestandskosten an. In Abschnitt 1.3 werden wir Darstellungen für die Lagerungs- und Fehlbestandskosten angeben, falls die Nachfrage jeweils am Anfang der Periode auftritt oder die Nachfrage mit konstanter Rate während der Periode erfolgt.

Nach Aufstellung der Funktionalgleichungen in Abschnitt 1. wird unter den Voraussetzungen von Scarf in Abschnitt 2 nachgewiesen, daß im Falle der Vormerkung nicht befriedigter Nachfrage (back-order-case) und momentaner Auslieferung einer aufgegebenen Bestellung eine optimale Bestellpolitik vom Typ (s,S) existiert.

Für den Fall, daß die Auslieferung der aufgegebenen Bestellung momentan erfolgt, betrachten wir insbesondere in Abschnitt 3. den Fall einer allgemeinen Lagerbestandsgleichung.

Unter den Voraussetzungen von Veinott wird dort bewiesen, daß im Falle momentaner Auslieferung einer aufgegebenen Bestellung eine optimale Bestellpolitik vom Typ (s,S) existiert. Ferner werden dort Schranken für die Bestellparameter ermittelt.

In Abschnitt 4., der ausschließlich Modellen mit Lieferzeit gewidmet ist, wird auch für den Fall einer allgemeinen Lagerbilanzgleichung die Funktionalgleichung des Modells hergeleitet, allerdings ergibt sich aus der Struktur dieser Funktionalgleichung, daß die Optimalitätsbeweise der Abschnitte 2. und 3. im Falle einer von Null verschiedenen Lieferzeit nur geführt werden können, wenn die Nachfrage vorgemerkt wird.

Wir betrachten in dieser Arbeit im wesentlichen Modelle mit einem endlichen, aus n Perioden bestehenden Planungshorizont und setzen uns das Ziel, diejenigen Politiken zu bestimmen, für welche die erwarteten auf den Beginnzeitpunkt diskontierten - der Diskontfaktor der i-ten Periode sei α_i - Gesamtkosten minimal sind. Wir unterscheiden dabei zwischen den Modellen vom Typ A bzw. B, je nachdem der am Ende des Planungszeitraums übrigbleibende Lagerbestand bzw. Fehlbestand mit dem Preis Null bzw. dem Preis C_{n+1} zu Beginn der (n+1)-ten Periode zu bewerten ist.

Das entsprechende Modell mit unbegrenztem Planungshorizont, bei dem im Falle eines Diskontfaktors α, $\alpha \in]0,1[$, die gesamten auf den Anfangszeitpunkt diskontierten erwarteten Kosten bzw. im Falle eines Diskontfaktors $\alpha = 1$ die durchschnittlichen auf eine Periode entfallenden erwarteten Kosten zu minimieren sind, ist Gegenstand einer weiteren Arbeit [14]. Dabei wird natürlich unterstellt, daß der Preis-Nachfrage-Prozeß stationär ist, also die ihn charakterisierenden bedingten Wahrscheinlichkeitsverteilungen sowie die Kostenstruktur und auch der Diskontfaktor $\alpha_i := \alpha$ für sämtliche Perioden ein und dieselben sind. Mit Hilfe von Fixpunktsätzen der Funktionsanalysis kann auch hier die Existenz einer optimalen Politik vom (s,S)-Typ nachgewiesen werden.

Wie bereits erwähnt, kann das vorgelegte Modell z. B. angewandt werden für die Lagerhaltung eines Rohstoffes in einem Produktionsbetrieb. Der Preis des Rohstoffes wird dabei als instabil und fluktuierend unterstellt. Fabian u. a. [4] erkannten die Nützlichkeit einer solchen Anwendung, jedoch erbrachten sie nicht den Nachweis für die Optimalität der ihrem Modell zugrundegelegten Bestellpolitik. Kingsman [12] betrachtet ein ähnliches Modell für den Einkauf und die Lagerung von Rohstoffen. Unter der Voraussetzung eines endlichen Planungshorizonts, deterministischer Nachfrage sowie entfallenden fixen Bestellkosten bewies er die Optimalität von Politiken bestimmter Struktur. Kalymon [7] schließlich behandelt ein Modell, bei dem die für den Einkauf zu Beginn einer Periode zugrundegelegten Preise einen instationären Markov-Prozeß bilden - die (bedingte) Wahrscheinlichkeitsverteilung des Preises der i-ten Periode unter der Bedingung gegebener Preise und Nachfragen der vorhergehenden Perioden ist also bei seinem Modell nur abhängig vom Preis der Vorperiode - und die (bedingte) Wahrscheinlichkeitsverteilung der Nachfrage der i-ten Periode unter der Bedingung bekannten

Preises der i-ten Periode sowie bekannter Nachfragen und Preise der Vorperioden nur vom Preis in der i-ten Periode abhängt.

Neben der bereits aufgeführten Anwendungsmöglichkeit des hier beschriebenen Modells kann dieses Modell auch benutzt werden bei der Lagerhaltung von Heizöl oder Treibstoffen sowie bei der Lagerhaltung von Rohstoffen oder Produkten, deren Preis wegen des technischen Fortschritts oder geänderter Marktbedingungen mit einem großen Risiko behaftet ist. Dadurch, daß der Preis abhängig von Nachfrage und Preis der Vorperiode sowie die Nachfrage abhängig vom Preis der gegenwärtigen Periode sowie der Nachfrage der Vorperiode unterstellt werden, erlaubt dieses Modell sowohl die Erfassung von Reaktionen des Anbieters als auch solcher der Konsumenten. Zumindest für einen nicht zu großen Planungshorizont dürfte der hier zugrundegelegte Markov'sche Preis-Nachfrage-Prozeß ein geeignetes Modell für die Erfassung von Lagerung und Preisgestaltung auf einem Rohstoffmarkt sein. Durch die Annahme eines instationären Preis-Nachfrage-Prozesses kann bei dem vorgestellten Modell mit endlichem Planungshorizont auch ein Preis- bzw. Nachfragetrend berücksichtigt werden.

1. Modellbeschreibung und Funktionalgleichungen

1.1 Modellbeschreibung: Preis-Nachfrage-Prozeß

Betrachtet werde ein stochastisches dynamisches Lagerhaltungsmodell eines Gutes. Der Planungshorizont kann dabei endlich oder auch unendlich sein. Im ersten Fall sei der Planungshorizont in endlich viele, etwa n, im letzteren Fall in abzählbar unendlich viele gleich lange Perioden eingeteilt. Dabei sei die Einteilung in Perioden so getroffen worden, daß alle das Lagerhaltungssystem beschreibenden Größen sich (höchstens) von Periode zu Periode, aber nicht innerhalb einer Periode ändern.

Es seien t_o, $t_1 := t_o + \tau$, $t_2 := t_o + 2\tau, \ldots$ die Endpunkte der Perioden, wobei wir der Einfachheit halber die Zeiteinheit so wählen, daß $\tau = 1$ ist. Das Zeitintervall $[t_{j-1}, t_j]$, $j \in \mathbb{N}$ bezeichnen wir als j-te Periode.

Ist C_j der Preis, zu dem zu Beginn der Periode j eine Mengeneinheit des Gutes eingekauft werden kann und ist Z_j die Nachfrage der Periode j, so werde vorausgesetzt, daß C_j und Z_j, $j \in \mathbb{N}$ über ein und demselben Wahrscheinlichkeitsraum (Ω, F, P) definierte nichtnegative Zufallsvariable sind. Ferner sei die Nachfrage Z_o der "nullten Periode" ebenfalls eine über (Ω, F, P) definierte Zufallsvariable. Ferner vereinbaren wir, daß Realisationen der Zufallsvariablen $Z_o; C_j, Z_j, j \in \mathbb{N}$ durch die entsprechenden kleinen lateinischen Buchstaben $z_o; c_j, z_j, j \in \mathbb{N}$ bezeichnet werden.

Über (Ω, F, P) ist damit der stochastische Preis-Nachfrage-Prozeß

(1.1) $$\Gamma := \{(C_{j+1}, Z_j) : j \in \mathbb{N}_o\}$$

definiert, der entsprechend seiner zeitlichen Entwicklung ausführlich geschrieben werden kann als

(1.2) $$Z_o,\ C_1,\ Z_1,\ C_2,\ldots,\ Z_j,\ C_{j+1},\ldots$$

Über die wahrscheinlichkeitstheoretische Charakterisierung des Prozesses Γ treffen wir die folgenden Annahmen:

1. Der stochastische Prozeß $\Gamma = \{(C_{j+1},Z_j): j \in \mathbb{N}_o\}$ sei ein Markov-Prozeß, es gelte also

(1.3) $$\Pr(C_{j+1} \leq c_{j+1}, Z_j \leq z_j \mid C_j=c_j, Z_{j-1}=z_{j-1},\ldots,C_1=c_1, Z_o=z_o)$$

$$= \Pr(C_{j+1} \leq c_{j+1}, Z_j \leq z_j \mid C_j=c_j, Z_{j-1}=z_{j-1})$$

$$\forall j \in \mathbb{N}_o,\quad \forall (z_o,c_1,\ldots,z_j,c_{j+1}) \in \mathbb{R}^{2\cdot(j+1)} .$$

2.

(1.4) $$\Pr(C_{j+1} \leq c_{j+1} \mid Z_j=z_j, C_j=c_j, Z_{j-1}=z_{j-1})$$

$$= \Pr(C_{j+1} \leq c_{j+1} \mid Z_j=z_j, C_j=c_j)$$

$$j \in \mathbb{N}_o,\quad \forall (c_j,z_j,c_{j+1}) \in \mathbb{R}^3 .$$

Anmerkung 1:
Äquivalent zur Forderung 2. ist die Forderung

2! Bei bekannten Werten der Zufallsvariablen C_j, Z_j sind die Zufallsvariablen Z_{j-1} und C_{j+1} voneinander unabhängig, $\forall j \in \mathbb{N}$, d. h.

(1.5) $$\Pr(C_{j+1} \leq c_{j+1}, Z_{j-1} \leq z_{j-1} \mid Z_j=z_j, C_j=c_j)$$

$$= \Pr(C_{j+1} \leq c_{j+1} \mid Z_j=z_j, C_j=c_j) \cdot \Pr(Z_{j-1} \leq z_{j-1} \mid Z_j=z_j, C_j=c_j)$$

$$\forall j \in \mathbb{N},\quad \forall (z_{j-1},c_j,z_j,c_{j+1}) \in \mathbb{R}^4 .$$

Daß (1.4) die Gültigkeit von (1.5) nach sich zieht, ergibt sich sofort aus den Gleichungen:

$$\Pr(C_{j+1} \leq c_{j+1}, Z_{j-1} \leq z_{j-1} \mid Z_j = z_j, C_j = c_j)$$

$$= \int_{z \leq z_{j-1}} \Pr(C_{j+1} \leq c_{j+1}, Z_{j-1} \in dz \mid Z_j = z_j, C_j = c_j)$$

$$= \int_{z \leq z_{j-1}} \Pr(C_{j+1} \leq c_{j+1} \mid Z_j = z_j, C_j = c_j, Z_{j-1} = z) \cdot \Pr(Z_{j-1} \in dz \mid Z_j = z_j, C_j = c_j)$$

$$\overset{(1.4)}{=} \int_{z \leq z_{j-1}} \Pr(C_{j+1} \leq c_{j+1} \mid Z_j = z_j, C_j = c_j) \cdot \Pr(Z_{j-1} \in dz \mid Z_j = z_j, C_j = c_j)$$

$$= \Pr(C_{j+1} \leq c_{j+1} \mid Z_j = z_j, C_j = c_j) \cdot \int_{z \leq z_{j-1}} \Pr(Z_{j-1} \in dz \mid Z_j = z_j, C_j = c_j)$$

$$= \Pr(C_{j+1} \leq c_{j+1} \mid Z_j = z_j, C_j = c_j) \cdot \Pr(Z_{j-1} \leq z_{j-1} \mid Z_j = z_j, C_j = c_j)$$

Umgekehrt folgt aus (1.5) sofort die Gültigkeit von (1.4) wegen der Gleichungen:

$$\Pr(C_{j+1} \leq c_{j+1} \mid Z_j = z_j, C_j = c_j, Z_{j-1} = z_{j-1})$$

$$= \frac{\Pr(C_{j+1} \leq c_{j+1}, Z_j = z_j, C_j = c_j, Z_{j-1} = z_{j-1})}{\Pr(Z_j = z_j, C_j = c_j, Z_{j-1} = z_{j-1})}$$

$$= \frac{\Pr(C_{j+1} \leq c_{j+1}, Z_{j-1} = z_{j-1} \mid Z_j = z_j, C_j = c_j)}{\Pr(Z_{j-1} = z_{j-1} \mid Z_j = z_j, C_j = c_j)}$$

$$\overset{(1.5)}{=} \frac{\Pr(C_{j+1} \leq c_{j+1} \mid Z_j = z_j, C_j = c_j) \cdot \Pr(Z_{j-1} = z_{j-1} \mid Z_j = z_j, C_j = c_j)}{\Pr(Z_{j-1} = z_{j-1} \mid Z_j = z_j, C_j = c_j)}$$

$$= \Pr(C_{j+1} \leq c_{j+1} \mid Z_j = z_j, C_j = c_j) .$$

Beachten wir noch, daß wegen (1.4) gilt:

$$Pr(C_{j+1} \leq c_{j+1}, Z_j \leq z_j \mid C_j = c_j, Z_{j-1} = z_{j-1})$$

$$= \int_{z \leq z_j} Pr(C_{j+1} \leq c_{j+1} \mid Z_j = z, C_j = c_j, Z_{j-1} = z_{j-1}) \cdot Pr(Z_j \in dz \mid C_j = c_j, Z_{j-1} = z_{j-1})$$

$$\overset{(1.4)}{=} \int_{z \leq z_j} Pr(C_{j+1} \leq c_{j+1} \mid Z_j = z, C_j = c_j) \cdot Pr(Z_j \in dz \mid C_j = c_j, Z_{j-1} = z_{j-1}) \ ,$$

so erkennt man, daß durch die Wahrscheinlichkeiten

(1.6) $\quad Pr(C_{j+1} \leq c_{j+1} \mid Z_j = z_j, C_j = c_j), \quad \forall j \in \mathbb{N}$

und

(1.7) $\quad Pr(Z_j \leq z_j \mid C_j = c_j, Z_{j-1} = z_{j-1}), \quad \forall j \in \mathbb{N}$

sowie

(1.8) $\quad Pr(C_1 \leq c_1, Z_o \leq z_o)$

oder (äquivalent zu (1.8)):

(1.8') $\quad Pr(C_1 \leq c_1 \mid Z_o = z_o)$ und $Pr(Z_o < z_o)$

der stochastische Prozeß $\Gamma = \{(C_{j+1}, Z_j): j \in \mathbb{N}_o\}$ charakerisiert ist.

Man erkennt hieraus:

Ist $G_{j+1}(\cdot \mid z_j, c_j)$ die Verteilungsfunktion des Preises C_{j+1} in der (j+1)-ten Periode bei gegebener Nachfrage z_j und gegebenem Preis c_j der j-ten Periode, wobei

(1.9) $\quad G_{j+1}(c_{j+1} \mid z_j, c_j) := Pr(C_{j+1} \leq c_{j+1} \mid Z_j = z_j, C_j = c_j)$

ist, $j \in \mathbb{N}$;

ist $F_j(\cdot \mid c_j, z_{j-1})$ die Verteilungsfunktion der Nachfrage Z_j in der j-ten Periode bei gegebenem Preis c_j der j-ten Periode und gegebener Nachfrage z_{j-1} der (j-1)-ten Periode, wobei

(1.1o) $F_j(z_j \mid c_j, z_{j-1}) := Pr(Z_j \leq z_j \mid C_j = c_j, Z_{j-1} = z_{j-1})$

ist, $j \in \mathbb{N}$;

sind schließlich $G_1(\cdot \mid z_o)$ bzw. $F_o(z_o)$ die Verteilungsfunktion des Preises C_1 in der ersten Periode bei gegebener Nachfrage z_o der nullten Periode bzw. der Nachfrage Z_o der nullten Periode, wobei

(1.11) $G_1(c_1 \mid z_o) := Pr(C_1 \leq c_1 \mid Z_o = z_o)$ bzw. $F_o(z_o) = Pr(Z_o \leq z_o)$

ist, so existiert nach dem Satz von Kolmogorov zu dieser konsistenten Familie von Verteilungsfunktionen [3] über der Indexmenge $T := \mathbb{N}_o$ ein Wahrscheinlichkeitsraum (Ω, F, P) und ein stochastischer Prozeß $\Gamma := \{(C_{j+1}, Z_j : j \in \mathbb{N}_o\}$, der die Familie erzeugt. Ferner bestimmt die Familie eindeutig die Wahrscheinlichkeit jedes Ereignisses, das sich durch höchstens abzählbar viele Zufallsvektoren (C_{j+1}, Z_j) darstellen läßt.

Den mittels der Verteilungsfunktionen (1.9), (1.1o) und (1.11) konstruierten stochastischen Prozeß $\Gamma = \{(C_{j+1}, Z_j): j \in \mathbb{N}_o\}$ bezeichnen wir als den unserem Lagerhaltungsmodell zugrunde liegenden Preis-Nachfrage-Prozeß.

1.2 Modellbeschreibung: Lagerbilanzgleichung, Bestellpolitik, Lagerbestandspolitik

Es sei X_j der Lagerbestand am Anfang der j-ten Periode, also bevor eine Bestellung aufgegeben wird. Wegen des stochastischen Preis-Nachfrage-Prozesses Γ ist X_j jetzt ebenfalls eine über (Ω, F, P) definierte Zufallsvariable, welche auch negative Werte annehmen kann (Ein negativer Lagerbestand entspricht dabei einer unbefriedigten Nachfrage.). Allerdings sei angenommen, daß zum Anfangszeitpunkt t_o der Lagerbestand x_1 eine fest vorgegebene deterministische Größe sei. Das Lager werde zu den Zeitpunkten $t_o, t_1, t_2, \dots, t_{j-1}, t_j, \dots$ inspiziert. Dem Lagerverwalter, der zu Beginn der j-ten Periode $[t_{j-1}, t_j]$ eine Bestellentscheidung über u_j Einheiten des Gutes aufzugeben hat, sei die Vorgeschichte

$$h_j := (z_o, x_1, c_1; u_1, z_1, x_2, c_2; \dots; u_{j-1}, z_{j-1}, x_j, c_j), \quad j \in \mathbb{N} \tag{1.12}$$

bekannt. Aufgrund dieser Vorgeschichte hat er seine Bestellentscheidung u_j zu treffen. Wir wollen uns auf den Fall einer sog. deterministischen Lagerhaltungspolitik beschränken, bei dem die zu bestellende (nichtnegative) Menge u_j eine reellwertige Borel-Funktion $\eta(\cdot)$ der Vorgeschichte h_j ist: $u_j := \eta(h_j) \geq 0$.

Ferner werde zunächst vorausgesetzt, daß die Lieferzeit gleich Null bzw. praktisch vernachlässigbar sei, d. h. die zu Beginn eine Periode bestellte Menge werde augenblicklich geliefert. Den Fall, daß eine deterministische Lieferverzögerung auftritt, werden wir in Abschnitt 3. behandeln. Die Lagerbilanzgleichung schreiben wir in der allgemeinen Form

$$X_{j+1} = g_j(X_j + U_j, Z_j) \quad , \quad j \in \mathbb{N} \tag{1.13}$$

mit

$$U_j = \eta_j(H_j) \quad , \quad j \in \mathbb{N} \tag{1.14}$$

$$H_j = (Z_o, X_1, C_1; U_1, Z_1, X_2, C_2; \dots; U_{j-1}, Z_{j-1}, X_j, C_j), \quad j \in \mathbb{N} \tag{1.15}$$

$$X_1 = x_1 , \tag{1.16}$$

wobei z. B. gelten kann:

$$g_j(x_j+u_j, z_j) := \begin{cases} a_j \cdot (x_j+u_j-z_j) & , \text{ falls } z_j \leq x_j+u_j \\ b_j \cdot (x_j+u_j-z_j) & , \text{ falls } z_j > x_j+u_j \end{cases} \tag{1.17}$$

mit $a_j, b_j \in [0,1]$ als Konstanten. Wählt man in (1.17) $b_j=1$, so wird in der j-ten Periode nicht befriedigte Nachfrage für die (j+1)-te Periode vorgemerkt. Der Fall $b_j = 0$ bedeutet, daß in der j-ten Periode nicht befriedigter Bedarf verloren geht. Setzt man $a_j := 0$, so wird überschüssiges (d. h. nach Befriedigung der Nachfrage in der j-ten Periode noch vorhandenes) Lagergut "vernichtet". Allgemein steht bei $a_j, b_j \in [0,1]$ der a_j-te Bruchteil des am Ende der j-ten Periode vorhandenen Lagerbestandes am Anfang der (j+1)-ten Periode wieder zur Verfügung, und der b_j-te Bruchteil der in der Periode j nicht befriedigten Nachfrage wird für die nächste Periode vorgemerkt.

Natürlich kann die in der Lagerbilanzgleichung auftretende Funktion g_j auch durch eine noch allgemeinere Funktionsvorschrift als (1.17) erklärt sein.

Als Bestellpolitik bezeichnet man die Folge der Bestellentscheidungen:

$$(1.18) \qquad \eta := (\eta_j(h_j))_{j\in\mathbb{N}} \quad .$$

Für viele der nachstehenden Überlegungen ist es nun zweckmäßig, die Lagerhaltungspolitik nicht wie hier zunächst eingeführt durch die zu bestellenden Mengen $u_j = \eta_j(h_j)$ zu charakterisieren, sondern durch den Lagerbestand $y_j := x_j+u_j$ unmittelbar nach Eintreffen der bestellten Menge, $j \in \mathbb{N}$. Wegen $u_j = y_j-x_j$, $j\in\mathbb{N}$, kann dann die Vorgeschichte auch durch

$$(1.19) \qquad s_j := (z_o,x_1,c_1;y_1,z_1,x_2,\ c_2;\ldots;y_{j-1},z_{j-1},x_j,c_j),\ j\in\mathbb{N}$$

wiedergegeben und die Lagerbestandsentscheidung y_j der j-ten Periode durch eine reellwertige Borel-Funktion $\zeta(\cdot)$ der Vorgeschichte s_j charakterisieren: $y_j := \zeta_j(s_j)$, wobei natürlich $\zeta_j(x_j) \geq x_j$ gelten muß, $j\in\mathbb{N}$. Wegen $Y_j := X_j+U_j$, $\forall j\in\mathbb{N}$ können somit die Beziehungen (1.13) - (1.17) in der Form

$$(1.13') \qquad X_{j+1} = g_j(Y_j,Z_j) \qquad , \qquad j\in\mathbb{N}$$

mit

(1.14') $Y_j = \zeta(S_j)$, $j \in \mathbb{N}$

(1.15') $S_j = (Z_o, X_1, C_1; Y_1, Z_1, X_2, C_2; \ldots; Y_{j-1}, Z_{j-1}, X_j, C_j)$, $j \in \mathbb{N}$

(1.16') $X_1 = x_1$

(1.17') $g_j(y_j, z_j) := \begin{cases} a_j \cdot (y_j - z_j) & , \text{ falls } z_j \leq y_j \\ b_j \cdot (y_j - z_j) & , \text{ falls } z_j > y_j \end{cases}$

geschrieben werden.

Als Lagerbestandspolitik bezeichnet man die Folge der Anfangslagerbestände:

(1.2o) $\zeta := (\zeta_j(s_j))_{j \in \mathbb{N}}$,

wobei

(1.21) $\zeta_j(s_j) \geq x_j$, $\forall j \in \mathbb{N}$

gelten muß. Ist die Lagerbestandspolitik durch (1.2o) charakterisiert, so ist die in der j-ten Periode zu bestellende Menge $u_j \geq 0$ des Gutes natürlich gegeben durch

(1.22) $u_j = \zeta_j(s_j) - x_j$, $j \in \mathbb{N}$.

1.3 Modellbeschreibung: Kostenstruktur

Wie in Abschnitt 2 sei vorausgesetzt, daß die Lieferung einer in der j-ten Periode aufgegebenen Bestellung momentan erfolgt.

Die fixen Kosten in der j-ten Periode bezeichnen wir mit k_j, der Preis (pro ME) des Gutes sei die bereits eingeführte Zufallsvariable C_j. Da bei Aufgabe der Bestellung u_j der Lagerbestand x_j wie auch der Preis c_j bekannt sind, erhält man die mit der Bestellung von u_j Einheiten verbundenen aus fixen und proportionalen Kosten zusammengesetzten Bestellkosten zu:

(1.23) $\quad q_j(u_j,c_j) = k_j \cdot \delta(u_j) + c_j \cdot u_j$.

Wegen $u_j = y_j - x_j$ kann man hierfür auch schreiben

(1.23') $\quad q_j(y_j-x_j,c_j) := k_j \cdot \delta(y_j-x_j) + c_j \cdot (y_j-x_j)$.

Dabei ist $k \in \mathbb{R}_{(\geq 0)}$ eine Konstante und die Funktion $\delta: \mathbb{R} \to \mathbb{R}$ definiert durch

$$\delta(u) := \begin{cases} 0 & \text{für } u \leq 0 \\ 1 & \text{für } u > 0 \end{cases}$$

Sind wieder der Reihe nach x_j, c_j, y_j der Anfangslagerbestand vor Aufgabe einer Bestellung, c_j der Preis und y_j der Lagerbestand nach Eintreffen der aufgegebenen Bestellung u_j, wobei sich sämtliche dieser Größen auf die j-te Periode beziehen, so seien mit

(1.24) $\quad \ell_j(y_j,c_j,Z_j)$

die Lagerungs- und Fehlbestandskosten der j-ten Periode bezeichnet. Es werde vorausgesetzt, daß $\ell_j(\cdot,\cdot,\cdot)$ eine reellwertige Borelfunktion sei. Der Erwartungswert der Lagerungs- und Fehlbestandskosten der j-ten Periode unter der Bedingung bekannten Preises c_j der j-ten und bekannter Nachfrage z_{j-1} der (j-1)-ten Periode werde mit

(1.25) $\quad L_j(y_j | c_j, z_{j-1})$

bezeichnet. Es gilt also:

(1.26) $$L_j(y_j|c_j,z_{j-1}) := E[\ell_j(y_j,c_j,Z_j) | C_j=c_j, Z_{j-1}=z_{j-1})$$

$$= \int_{\mathbb{R}_{(\geq 0)}} \ell_j(y_j,c_j,z)dF_j(z|c_j,z_{j-1}) .$$

Über $L_j(\cdot|c_j,z_{j-1})$ als Funktion von y_j machen wir die folgenden Voraussetzungen: Für beliebige $(c_j,z_{j-1}) \in \mathbb{R}_{(\geq 0)} \times \mathbb{R}_{(\geq 0)}$ gilt:

1. $L_j(\cdot|c_j,z_{j-1})$ ist auf $\mathbb{R}$ eine nichtnegative konvexe Funktion von y_j;

2. Es gilt

   $e_j \cdot y + L_j(y|c_j,z_{j-1}) \to \infty$ für $|y| \to \infty$,

   wobei

   $e_j = c_j$ oder $e_j = c_j - E[C_{j+1}|z_j,c_j]$

   ist und mit (1.9)

$$(1.27)\qquad E[C_{j+1}|z_j,c_j] := E[C_{j+1}|Z_j=z_j,C_j=c_j] = \int_{\mathbb{R}_{(\geq 0)}} c \, d\, G_{j+1}(c|z_j,c_j)$$

   ist.

Die Gültigkeit dieser Voraussetzungen über die Kostenstruktur ist einerseits relativ leicht überprüfbar. Zum anderen ziehen sie die Gültigkeit entsprechender für den späteren Optimalitätsbeweis einer (s,S)-Politik benötigter allgemeinerer Voraussetzungen zumindest bei einem unserer Modelle (Modell A) direkt nach sich.

Anmerkung 2:
In der j-ten Periode seien die Lagerungskosten bzw. Fehlmengenkosten pro Mengeneinheit (ME) und Zeiteinheit (ZE) gleich h_j bzw. p_j. Da als Zeiteinheit eine Periodenlänge gewählt wurde, sind h_j bzw. p_j auch die Lagerungs- bzw. Fehlbestandskosten pro Mengeneinheit und Periode. Man nehme an, daß die Nachfrage Z_j unmittelbar nach der Lieferung der Bestellung u_j auftrete. Dann gilt für die Lagerungs- und Fehlbestandskosten der j-ten Periode:

$$\ell_j(y_j,c_j,Z_j) = \begin{cases} h_j \cdot (y_j - Z_j), & \text{falls } Z_j \leq y_j \\ p_j \cdot (Z_j - y_j), & \text{falls } Z_j > y_j \end{cases}$$

Daher erhält man für den Erwartungswert $L_j(y_j|c_j,z_{j-1})$ der Lagerungs- und Fehlbestandskosten nach (1.26):

$$(1.28)\quad L_j(y_j|c_j,z_{j-1}) = \begin{cases} h_j\cdot\int_0^{y_j}(y_j-z)dF_j(z|c_j,z_{j-1}) + p_j\cdot\int_{y_j}^{\infty}(z-y_j)dF_j(z|c_j,z_{j-1}) \\ =(h_j+p_j)\cdot\int_0^{y_j}(y_j-z)dF_j(z|c_j,z_{j-1}) + p_j\cdot(E[Z_j|c_j,z_{j-1}]-y_j), \\ \qquad \text{falls } y_j \geq 0 \\ p_j\cdot\int_0^{\infty}(z-y_j)dF_j(z|c_j,z_{j-1}) = p_j\cdot(E[Z_j|c_j,z_{j-1}]-y_j), \\ \qquad \text{falls } y_j < 0\ , \end{cases}$$

wobei

$$(1.29)\qquad E[Z_j|c_j,z_{j-1}] := E[Z_j|C_j=c_j,Z_{j-1}=z_{j-1}] = \int_{\mathbb{R}_{(\geq 0)}} z\ dF_j(z|c_j,z_{j-1})$$

der Erwartungswert der Nachfrage der j-ten Periode unter der Bedingung bekannten Preises c_j der j-ten Periode und bekannter Nachfrage z_{j-1} der (j-1)-ten Periode ist.

Die Bedingung, daß die Nachfrage jeweils am Anfang einer Periode auftritt, ist in der Praxis oft nur näherungsweise erfüllt. Deshalb sei noch kurz auf den Fall eingegangen, daß die Nachfragerate innerhalb einer Periode konstant ist, d. h. der Lagerbestand y_j werde im Verlauf der j-ten Periode linear abgebaut. In diesem Fall gilt:

$$\ell_j(y_j,c_j,Z_j) = \begin{cases} h_j\cdot\int_0^1(y_j-Z_j\cdot t)dt = h_j\cdot(y_j-\frac{Z_j}{2})\ , \quad \text{falls } Z_j \leq y_j \\ h_j\cdot\int_0^{y_j/Z_j}(y_j-Z_j\cdot t)dt + p_j\cdot\int_{y_j/Z_j}^{1}(Z_j\cdot t-y_j)dt \\ = h_j\cdot\frac{y_j^2}{2\cdot Z_j} + p_j\cdot(\frac{Z_j}{2}+\frac{y_j^2}{2\cdot Z_j}-y_j),\quad \text{falls } Z_j > y_j \geq 0 \\ p_j\cdot\int_0^1(Z_j\cdot t-y_j)dt = p_j\cdot(\frac{Z_j}{2}-y_j)\ , \quad \text{falls } y_j < 0 \end{cases}$$

Statt (1.28) erhalten wir für den Erwartungswert $L_j(y_j | c_j, z_{j-1})$ der Lagerungs- und Fehlbestandskosten hier:

$$(1.30)\quad L_j(y_j|c_j,z_{j-1}) = \begin{cases} h_j \cdot \int_0^{y_j} (y_j - \frac{z}{2}) dF_j(z|c_j,z_{j-1}) + h_j \cdot \int_{y_j}^{\infty} \frac{y_j^2}{2 \cdot z} dF_j(z|c_j,z_{j-1}) \\ + p_j \cdot \int_{y_j}^{\infty} (\frac{z}{2} + \frac{y_j^2}{2 \cdot z} - y_j) dF_j(z|c_j,z_{j-1}), \text{ falls } y_j \geq 0 \\ p_j \cdot \int_0^{\infty} (\frac{z}{2} - y_j) dF_j(z|c_j,z_{j-1}) = p_j (\frac{1}{2} E[Z_j|c_j,z_{j-1}] - y_j), \\ \text{falls } y_j < 0 \end{cases}$$

Man kann nachweisen, daß die durch (1.28) bzw. (1.3o) definierten Funktionen $L(\cdot|c_j,z_{j-1})$ den Bedingungen 1. und 2. genügen, falls $p_j > c_j$ ist.

1.4 Modellbeschreibung: Endlicher Planungszeitraum, Bellmansche Funktionalgleichung

Nunmehr betrachten wir unser Lagerhaltungsmodell für den Fall, daß der Planungszeitraum aus n Perioden besteht. Wir wollen annehmen, daß α_j mit $\alpha_j \in]0,1]$ der Diskontfaktor der j-ten Periode sei und daß sämtliche anfallenden Kosten auf den Beginn des Planungszeitraumes, d. h. auf den Anfangszeitpunkt t_o zu diskontieren sind. Ist X_{n+1} der Anfangslagerbestand der "(n+1)-ten Periode", d. h. X_{n+1} ist der Endlagerbestand am Ende der n-ten Periode bzw. am Ende des Planungszeitraumes, so werde vereinbart, daß im Falle $X_{n+1} \geq 0$ dieser Endlagerbestand X_{n+1} zum Preis C_{n+1} je ME veräußert werden kann bzw. daß im Fall $X_{n+1} < 0$ der Endfehlbestand X_{n+1} zum Preis C_{n+1} je ME zu beschaffen ist, damit die im Planungszeitraum auftretende Nachfrage erfüllt werden kann. Auch der Fall, daß der Restlagerbestand am Ende des Planungszeitraumes verloren geht, ist hierdurch erfaßbar, wenn man die Verteilungsfunktion $G_{n+1}(\cdot \mid z_n, c_n)$ festsetzt zu:

$$G_{n+1}(c_{n+1} \mid z_n, c_n) = \begin{cases} 0 & , \text{ falls } c_{n+1} \quad 0 \\ 1 & , \text{ falls } c_{n+1} \geq 0 \end{cases} .$$

Es sei nun $\eta_{[1,n]} := (\eta_1, \eta_2, \ldots, \eta_n)$ eine bestimmte Bestellpolitik, wobei die $\eta_j(\cdot,\cdot,\cdot)$, $j \in \{1,2,\ldots,n\}$, nichtnegative Borel-meßbare Funktionen der Argumente (c_j, x_j, z_{j-1}) seien. Ferner führen wir noch die Abkürzung

$$\eta_{[i,n]} := (\eta_i, \eta_{i+1}, \ldots, \eta_n) \quad ; \quad i \in \{1,2,\ldots,n\}$$

ein. Es sei nun $f_{[i,n]}(c_i, x_i, z_i \mid \eta_{[i,n]})$ der Erwartungswert der auf den Anfangszeitpunkt der i-ten Periode diskontierten, in den Perioden $i, i+1, \ldots, n$ anfallenden Lagerhaltungskosten. Dann gilt:

(1.30)
$$f_{[i,n]}(c_i, x_i, z_{i-1} \mid \eta_{[i,n]})$$
$$= E_{\eta_{[i,n]}, X_i = x_i}\Big[\sum_{j=i}^{n} ß_j^{(i)} \cdot [q_j(\eta_j, C_j) + \ell(C_j + \eta_j, C_j, Z_j)]$$
$$- ß_{n+1}^{(i)} \cdot C_{n+1} \cdot X_{n+1} \mid C_i = c_i, Z_{i-1} = z_{i-1}\Big] ,$$

wobei

(1.31)
$$ß_j^{(i)} = \begin{cases} 1 & \text{für } j = i \\ \prod_{k=i}^{j-1} \alpha_k & \text{für } j \in \{i+1, \ldots, n+1\} \end{cases}$$

ist und die Lagerbilanzgleichung (1.13):

(1.32)
$$X_{j+1} = g_j(X_j + \eta_j, Z_j) \quad , \quad j \in \{i, i+1, \ldots, n\}$$

zu berücksichtigen ist. $f_{[1,n]}(c_1, x_1, z_o \mid \eta_{[1,n]})$ sind also die auf den Anfangszeitpunkt t_o des Planungszeitraumes diskontierten erwarteten Gesamtkosten unseres Lagerhaltungsmodells.

Unter Berücksichtigung der über den Preis-Nachfrageprozeß gemachten Voraussetzungen sowie der Lagerbilanzgleichung (1.32) läßt sich in nachfolgender Weise eine Rekursionsbeziehung für die $f_{[i,n]}(c_i,x_i,z_{i-1}|\eta_{[i,n]})$ herleiten. Es gilt:

$$f_{[i,n]}(c_i,x_i,z_{i-1}|\eta_{[i,n]})$$

$$:= E_{\eta_{[i,n]},X_i=x_i}\Big[\sum_{j=i}^{n} ß_j^{(i)}\cdot\big[q_j(\eta_j,C_j) + \ell_j(x_j+\eta_j,C_j,Z_j)\big] - ß_{n+1}^{(i)}\cdot C_{n+1}\cdot X_{n+1}\,\Big|\, C_i=c_i,Z_{i-1}=z_{i-1}\Big]$$

$$= q_i(\eta_i,c_i) + L_i(x_i+\eta_i|c_i,z_{i-1})$$

$$+\alpha_i\cdot E\Big[E_{\eta_{[i+1,n]},X_{i+1}=g_i(x_i+\eta_i,Z_i)}\Big[\sum_{j=i+1}^{n} ß_j^{(i+1)}\cdot\big[q_j(\eta_j,C_j)$$
$$+\ell_j(x_j+\eta_j,C_j,Z_j)\big]-ß_{n+1}^{(i+1)}\cdot C_{n+1}\cdot X_{n+1}\,\Big|\,C_{i+1},Z_i,C_i,Z_{i-1}\Big]\,\Big|\,C_i=c_i,Z_{i-1}=z_{i-1}\Big]$$

$$= q_i(\eta_i,c_i) + L_i(x_i+\eta_i|c_i,z_{i-1})$$

$$+\alpha_i\cdot E\Big[E_{\eta_{[i+1,n]},X_{i+1}=g_i(x_i+\eta_i,Z_i)}\Big[\sum_{j=i+1}^{n} ß_j^{(i+1)}\cdot\big[q_j(\eta_j,C_j)$$
$$+\ell_j(X_j+\eta_j,C_j,Z_j)\big]-ß_{n+1}^{(i+1)}\cdot C_{n+1}\cdot X_{n+1}\,\Big|\,C_{i+1},Z_i\Big]\,\Big|\,C_i=c_i,Z_{i-1}=z_{i-1}\Big]$$

$$= q_i(\eta_i,c_i) + L_i(x_i+\eta_i|c_i,z_{i-1})$$

$$+\alpha_i\cdot E\big[f_{[i+1,n]}(C_{i+1},g_i(x_i+\eta_i,Z_i),Z_i|\eta_{[i+1,n]})\,\big|\,C_i=c_i,Z_{i-1}=z_{i-1}\big]\,.$$

Die erste hier benutzte Gleichheit gilt, weil für eine beliebige $(\mathcal{B}^m,\mathcal{B})$ meßbare Funktion $\varphi:\mathbb{R}^m\to\mathbb{R}$ mit $(y_1,\ldots,y_m)\longmapsto\varphi(y_1,\ldots,y_m)$ und beliebige über dem Wahrscheinlichkeitsraum (Ω,F,P) definierte Zufallsvariable

$$Y_1,\dots,Y_m,\ X_1,\dots,X_n,X_{n+1},\dots,X_{n+r}$$

$$E\left[E\left[\varphi(Y_1,\dots,Y_m)\,|\,X_1,\dots,X_n,X_{n+1},\dots,X_{n+r}\right]\Big|\,X_1,\dots,X_n\right]$$

$$= E\left[\varphi(Y_1,\dots,Y_m)\,|\,X_1,\dots,X_n\right]$$

ist [3].

Das zweite Gleichheitszeichen ist eine direkte Konsequenz unserer Voraussetzungen über den Preis-Nachfrageprozeß, und das letzte Gleichheitszeichen schließlich ergibt sich aus der Definitionsgleichung für $f_{[i+1,n]}(c_{i+1},x_{i+1},z_i|\eta_{[i+1,n]})$. Unser Problem besteht nun darin, eine Bestellpolitik $\eta_{[1,n]}$ so zu bestimmen, daß die gesamten auf den Anfangszeitpunkt t_o diskontierten, im Planungszeitraum von n Perioden anfallenden Kosten minimal sind. Setzen wir noch

$$f_{[i,n]}(c_i,x_i,z_{i-1}) := \inf_{\eta_{[i,n]}\geq \underline{0}} \left\{f_i(c_i,x_i,z_{i-1}|\eta_{[i,n]})\right\} \tag{1.32}$$

und nehmen wir in der vorhin nachgewiesenen Rekursionsgleichung:

$$\begin{aligned} & f_{[i,n]}(c_i,x_i,z_{i-1}|\eta_{[i,n]}) \\ & = q_i(\eta_i,c_i) + L_i(x_i+\eta_i|c_i,z_{i-1}) \\ & +\alpha_i\cdot E\left[f_{[i+1,n]}(C_i,g_i(x_i+\eta_i,Z_i),Z_i|\eta_{[i+1,n]})\,|\,C_i=c_i,Z_{i-1}=z_{i-1}\right] \end{aligned} \tag{1.33}$$

die Infimum-Bildung vor, so erhält man:

$$f_{[i,n]}(c_i,x_i,z_{i-1})$$

$$:= \inf_{\eta_{[i,n]}\geqq \underline{0}} \Big\{ q_i(\eta_i,c_i) + L_i(x_i+\eta_i|c_i,z_{i-1})$$

$$+\alpha_i \cdot E\big[f_{[i+1,n]}(C_{i+1},g_i(x_i+\eta_i,Z_i),Z_i|\eta_{[i+1,n]})\big|C_i=c_i,Z_{i-1}=z_{i-1}\big]\Big\}$$

$$= \inf_{\eta_i\geqq 0} \Big\{ q_i(\eta_i,c_i) + L_i(x_i+\eta_i|c_i,z_{i-1})$$

$$+\alpha_i \cdot \inf_{\eta_{[i+1,n]}\geqq \underline{0}} E\big[f_{[i+1,n]}(C_{i+1},g_i(x_i+\eta_i,Z_i),Z_i|\eta_{[i+1,n]})\big|C_i=c_i,Z_{i-1}=z_{i-1}\big]\Big\}$$

$$= \inf_{\eta_i\geqq 0} \Big\{ q_i(\eta_i,c_i) + L_i(x_i+\eta_i|c_i,z_{i-1})$$

$$+\alpha_i \cdot E\Big[\inf_{\eta_{[i+1,n]}\geqq \underline{0}} \{f_{[i+1,n]}(C_{i+1},g_i(x_i+\eta_i,Z_i),Z_i|\eta_{[i+1,n]})\}\Big|C_i=c_i,Z_{i-1}=z_{i-1}\Big]\Big\}$$

$$= \inf_{\eta_i\geqq 0} \Big\{ q_i(\eta_i,c_i) + L_i(x_i+\eta_i|c_i,z_{i-1})$$

$$+\alpha_i \cdot E\big[f_{[i+1,n]}(C_{i+1},g_i(x_i+\eta_i,Z_i),Z_i)\big|C_i=c_i,Z_{i-1}=z_{i-1}\big]\Big\}.$$

Die erste Gleichheit ergibt wegen der Gültigkeit der Beziehung

$$\inf_{(a_1,a_2)\in A_1\times A_2} \{v_1(a_1)+v_2(a_1,a_2)\} = \inf_{a_1\in A_1} \{v_1(a_1) + \inf_{a_2\in A_2} v_2(a_1,a_2)\} .$$

Die bei der zweiten Gleichheit benutzte Vertauschbarkeit von Infimum und Erwartungswertoperator ist unter den hier getroffenen Voraussetzungen zulässig (vgl. z. B. [5], Abschnitte 3 und 14) und die letzte Gleichheit schließlich ist eine unmittelbare Konsequenz der Definitionsgleichung für $f_{[i+1,n]}(c_{i+1},x_{i+1},z_i)$. Für die Funktionen (1.32) haben wir damit die Rekursionsgleichung:

$$(1.33') \quad f_{[i,n]}(c_i,x_i,z_{i-1}) = \inf_{\eta_i \geq 0} \Big\{ q_i(\eta_i,c_i)+L_i(x_i+\eta_i | c_i,z_{i-1})$$

$$+\alpha_i \cdot E\left[f_{[i+1,n]}(C_{i+1},g_i(x_i+\eta_i,Z_i),Z_i) \Big| C_i=c_i, Z_{i-1}=z_{i-1} \right] \Big\}$$

erhalten, die wir wegen (1.6) - (1.1o) auch in der Form

$$(1.33'') \quad f_{\;i,n}\;(c_i,x_i,z_{i-1}) = \inf_{\eta_i \geq 0} \Big\{ q_i(\;\;_i,c_i)+L_i(x_i+\;\;_i\;\; c_i,z_{i-1})$$

$$+\alpha_i \int_0^\infty \int_0^\infty f_{[i+1,n]}(c_{i+1},g_i(x_i+\eta_i,z_i),z_i)dG_{i+1}(c_{i+1}| z_i,c_i)dF_i(z_i| c_i,z_{i-1}) \Big\}$$

schreiben können. Beginnend mit

$$(1.34) \qquad f_{[n+1,n]}(c_{n+1},x_{n+1},z_n) := -c_{n+1} \cdot x_{n+1}$$

lassen sich mittels (1.33') oder (1.33") die Funktionen $f_{[i,n]}(\cdot,\cdot,\cdot)$ der Variablen c_i,x_i,z_{i-1} nacheinander bestimmen und in $f_{[i,n]}(c_1,x_1,z_o)$ erhält man die minimalen auf den Zeitpunkt t_o diskontierten erwarteten Lagerhaltungskosten für den gesamten Planungszeitraum. Man erkennt weiter, daß eine zugehörige optimale Bestellpolitik $\eta^*_{[1,n]} := (\eta^*_1,\eta^*_2,\ldots,\eta^*_n)$ ermittelt werden kann, wobei die $\eta^*_j(\cdot,\;,\cdot)$, $j \in \{1,2,\ldots,n\}$ nichtnegative Borel-meßbare Funktionen der Argumente (c_j,x_j,z_{j-1}) sind. Ferner geht aus den beschriebenen Überlegungen hervor, daß man sich für die Bestimmung einer optimalen Bestellpolitik auf Bestellpolitiken der hier von vornherein nur beschriebenen Art beschränken kann und nicht allgemeinere Bestellpolitiken (siehe hierzu Abschnitt 2)

$$(1.35) \qquad \eta_{[i,n]} := (\eta_1(h_1),\eta_2(h_2),\ldots,\eta_n(h_n))$$

zu betrachten braucht, bei denen $\eta_j(\cdot)$ eine reellwertige Borelfunktion der gesamten Vorgeschichte h_j ist und für die $\eta_j(h_j) \geq 0$ gilt, $j \in \{1,2,\ldots,n\}$.

Um dies kurz zu beleuchten, setzen wir für den Ausdruck in der geschweiften Klammer der Funktionalgleichung (1.33"):

$$(1.36)\quad H_i(c_i,x_i,z_{i-1};\eta_i) := q_i(\eta_i,c_i) + L_i(x_i+\eta_i|c_i,z_{i-1})$$

$$+\alpha_i\cdot\int_0^\infty\int_0^\infty f_{[i+1,n]}(c_{i+1},g_i(x_i+\eta_i,z_i),z_i)dG_{i+1}(c_{i+1}|z_i,c_i)dF_i(z_i|c_i,z_{i-1})$$

$$i \in \{1,2,\ldots,n\}\ .$$

Eine optimale Bestellentscheidung $\eta_i^*(c_i,x_i,z_{i-1})$ muß dann eine Minimalstelle von $H_i(c_i,x_i,z_{i-1};\cdot)$, betrachtet als Funktion von η_i, auf $\mathbb{R}_{(\geq 0)}$ sein. Beginnend mit i = n und unter Beachtung von (1.34) erhält so nacheinander

$$\eta_n^*(c_n,x_n,z_{n-1}),\ldots,\eta_i^*(c_i,x_i,z_{i-1}),\ldots,\eta_1^*(c_1,x_1,z_o)$$

und damit in

$$(1.37)\qquad \eta^*_{[1,n]} := (\eta_1^*,\eta_2^*,\ldots,\eta_n^*)$$

eine optimale Bestellpolitik. Wie die rückwärts ansetzende Bestimmung der Bestellpolitik erkennen läßt, kann man durch vollständige Induktion den Nachweis führen, daß man sich zur Ermittlung einer optimalen Bestellpolitik unter den hier gemachten Voraussetzungen über den Preis-Nachfrageprozeß auf Politiken der Form

$$\eta_{[1,n]} = (\eta_1(c_1,x_1,z_o),\ldots,\eta_i(c_i,x_i,z_{i-1}),\ldots,\eta_n(c_n,x_n,z_{n-1}))$$

beschränken kann und nicht die allgemeineren von der gesamten Vorgeschichte abhängigen Politiken zu betrachten braucht.

Ist die Lagerkapazität nach oben beschränkt, d. h. gilt etwa mit $x^+ > 0$ für die Zufallsvariablen X_j: $X_j(\omega) \in]-\infty, x^+]$, so hat man für die Bestellmengen η_j die Restriktionen

$$\eta_j \in [0, x^+ - x_j] \quad , \quad j \in \{1,2,\ldots,n\} .$$

Bei stetigen Funktionen $L_j(\cdot | c_j, z_{j-1})$ gilt dann nach [S. 118 ff. , daß für das vorliegende Markovsche Entscheidungsproblem eine optimale Markovsche Politik existiert. Wir können dann also in (1.33'), (1.33")

$$\inf_{\eta_i \geq 0} \quad \text{durch} \quad \min_{\eta_i \in [0, x^+ - x_i]}$$

ersetzen und wie bereits beschrieben, durch sukzessive Auswertung der Funktionalgleichungen (1.33') bzw. (1.33") mit Hilfe der Bellmanschen Funktionalgleichungsmethode eine optimale Bestellpolitik bestimmen.

Für die numerische Auswertung von (1.33') bzw. (1.33") werden neben einer oberen Grenze x^+ der möglichen $X_j(\omega)$-Werte auch noch benötigt:

1. eine untere Grenze, etwa $x^- < 0$, für die möglichen $X_j(\omega)$-Werte, d. h. durch x^- sind die größtmöglichen Fehlmengen festgelegt, somit gelte also $X_j(\omega) \in [x^-, x^+]$, $j \in \{1,2,\ldots,n\}$, $\omega \in \Omega$.
2. eine obere Grenze, etwa $z^+ > 0$, für die möglichen Werte der Zufallsvariablen Z_j; d. h. es gelte $Z_j(\omega) \in [0, z^+]$, $j \in \{0,1,\ldots,n\}$, $\omega \in \Omega$.
3. eine obere Grenze, etwa $c^+ > 0$, für die möglichen Werte der Zufallsvariablen C_j, d. h. $C_j(\omega) \in [0, c^+]$, $j \in \{1,2,\ldots,n\}$, $\omega \in \Omega$.

In den nächsten Abschnitten wollen wir nun weitere Aussagen über die Struktur einer optimalen Bestellpolitik beweisen. Hierzu ist es zweckmäßig, die Funktionalgleichung (1.33'), (1.33") der Vorgangsweise von Veinott [17] entsprechend umzuschreiben.

1.5 Modellbeschreibung: Funktionalgleichungen für die Modelle A und B

Betrachtet werde die Funktionalgleichung (1.33"). Diese Funktionalgleichung wollen wir einfachen Umformungen unterziehen, die es erlauben, den Bellman'schen Funktionalgleichungen eine recht einfache Form zu geben. Ausgehend von (1.33") erhalten wir unter Berücksichtigung von $q_i(\eta_i \mid c_i, z_{i-1}) = k_i \cdot \delta(\eta_i) + c_i \cdot \eta_i$:

$$f_{[i,n]}(c_i, x_i, z_{i-1})$$

$$= \inf_{\eta_i \geq 0} \Big\{ q_i(\eta_i \mid c_i, z_{i-1}) + L_i(x_i + \eta_i \mid c_i, z_{i-1})$$

$$+ \alpha_i \int_0^\infty \int_0^\infty f_{[i+1,n]}(c_{i+1}, g_i(x_i + \eta_i, z_i) dG_{i+1}(c_{i+1} \mid z_i, c_i) dF_i(z_i \mid c_i, z_{i-1}) \Big\}$$

$$= \inf_{\eta_i \geq 0} \Big\{ k_i \cdot \delta(\eta_i) + c_i \cdot \eta_i + L_i(x_i + \eta_i \mid c_i, z_{i-1})$$

$$+ \alpha_i \cdot \int_0^\infty \int_0^\infty f_{[i+1,n]}(c_{i+1}, g_i(x_i + \eta_i, z_i), z_i) dG_{i+1}(c_{i+1} \mid z_i, c_i) dF_i(z_i \mid c_i, z_{i-1}) \Big\}$$

$$= \inf_{\eta_i \geq 0} \Big\{ k_i \cdot \delta(\eta_i) - c_i \cdot x_i + c_i \, (x_i + \eta_i) + L_i(x_i + \eta_i \mid c_i, z_{i-1})$$

$$+ \alpha_i \cdot \int_0^\infty \int_0^\infty f_{[i+1,n]}(c_{i+1}, g_i(x_i + \eta_i, z_i), z_i) dG_{i+1}(c_{i+1} \mid z_i, c_i) dF_i(z_i \mid c_i, z_{i-1}) \Big\}$$

$$= -c_i \cdot x_i + \inf_{\eta_i \geq 0} \Big\{ k_i \cdot \delta(\eta_i) + V_i(x_i + \eta_i \mid c_i, z_{i-1})$$

$$+ \alpha_i \cdot \int_0^\infty \int_0^\infty f_{[i+1,n]}(c_{i+1}, g_i(x_i + \eta_i, z_i), z_i) dG_{i+1}(c_{i-1} \mid z_i, c_i) dF_i(z_i \mid c_i, z_{i-1}) \Big\}$$

wobei

$$(1.39) \qquad V_i(y_i \mid c_i, z_{i-1}) := c_i \, y_i + L_i(y_i \mid c_i, z_{i-1})$$

gesetzt wurde. Die Funktionalgleichungen unseres Modells haben damit die Form:

(1.40) $$f_{[i,n]}(c_i,x_i,z_{i-1})$$

$$= -c_i \cdot x_i + \inf_{\eta_i \geq 0} \Big\{ k_i \cdot \delta(\eta_i) + V_i(x_i+\eta_i \mid c_i,z_{i-1})$$

$$+\alpha_i \int_0^\infty\int_0^\infty f_{[i+1,n]}(c_{i+1},g_i(x_i+\eta_i,z_i),z_i)dG_{i+1}(c_{i+1} \mid z_i,c_i)dF_i(z_i \mid c_i,z_{i-1}) \Big\}$$

$$i \in \{1,2,\ldots,n\} .$$

Diese Funktionalgleichungen sind rekursiv, beginnend mit $i := n$ zu lösen. Je nachdem, ob der Restlagerbestand X_{n+1} am Ende des Planungszeitraumes verlorengeht - in diesem Fall sprechen wir vom Modell A - oder der Restlagerbestand X_{n+1} mit C_{n+1} DM/ME zu bewerten ist - in diesem Fall sprechen wir vom Modell B - sind unterschiedliche Festsetzungen bezüglich $f_{[n+1,n]}(c_{n+1},x_{n+1},z_n)$ zu treffen, um die Rekursion in Gang zu setzen. Falls Modell A vorliegt, der Restlagerbestand am Ende des Planungszeitraumes also verlorengeht, ist

(1.41) $$f_{[n+1,n]}(c_{n+1},x_{n+1},z_n) := 0$$

zu setzen.

Erfolgt die Bewertung des Restlagerbestandes X_{n+1} mit C_{n+1} [DM/ME], liegt also das Modell B vor, so ist

(1.42) $$f_{[n+1,n]}(c_{n+1},x_{n+1},z_n) := -c_{n+1} \cdot x_{n+1}$$

zu setzen.

Für den später zu erbringenden Nachweis der Optimalität einer (s,S)-Politik ist es nun wesentlich, daß die Rekursionsgleichung (1.4o) unter der speziellen Anfangsbedingung (1.41) und nicht unter der allgemeinen Anfangsbedingung (1.42) gelöst wird. Für Modell A würde somit der Optimalitätsnachweis geführt werden können, hingegen nicht für Modell B. Um auch hier eine Anfangsbedingung der gewünschten Form zu erhalten, ist lediglich eine Transformation der Ausgangsgleichung (1.3o) für die in den Perioden i,i+1,...,n anfallenden Lagerhaltungskosten erforderlich [17,21]. Beachten wir, daß

$$q_j(\eta_j,C_j) = k_j\cdot\delta(\eta_j) + C_j\cdot\eta_j \quad , \qquad j \in \mathbb{N}$$

sowie

$$\eta_j = Y_j - X_j \quad , \qquad j \in \mathbb{N}$$

gilt, so können wir für (1.3o) auch schreiben:

$$(1.43)\quad f_{[i,n]}(c_i,x_i,z_{i-1}\,|\,\eta_{[i,n]})$$

$$= E_{\eta_{[i,n]},X_i=x_i}\Bigg[\sum_{j=i}^{n} \beta_j^{(i)}\cdot\Big\{k_j\,\delta(\eta_j) + C_j(Y_j-X_j) + \ell_j(X_j+\eta_j,C_j,Z_j)\Big\} - \beta_{n+1}^{(i)}\cdot C_{n+1}\cdot X_{n+1}\,\Big|\,C_i=c_i,Z_{i-1}=z_{i-1}\Bigg]$$

$$= E_{\eta_{[i,n]},X_i=x_i}\Bigg[\sum_{j=i}^{n} \beta_j^{(i)}\cdot\Big\{k_j\cdot\delta(\eta_j) + C_j\cdot Y_j + \ell_j(X_j+\eta_j,C_j,Z_j)\Big\} - \sum_{j=i}^{n}\beta_j^{(i)}\cdot C_j\cdot X_j - \beta_{n+1}^{(i)}\cdot C_{n+1}\cdot X_{n+1}\,\Big|\,C_i=c_i,Z_{i-1}=z_{i-1}\Bigg]$$

Nun gilt die identische Umformung:

$$(1.44)\quad -\sum_{j=i}^{n}\beta_j^{(i)}\cdot C_j\cdot X_j - \beta_{n+1}^{(i)}\cdot C_{n+1}\cdot X_{n+1}$$

$$= -C_i\cdot X_i - \sum_{j=i+1}^{n+1}\beta_j^{(i)}\cdot C_j\cdot X_j$$

$$= -C_i \cdot X_i - \sum_{j=i}^{n} ß_{j+1}^{(i)} \cdot C_{j+1} \cdot X_{j+1}$$

$$= -C_i \cdot X_i - \sum_{j=i}^{n} ß_{j}^{(i)} \cdot \alpha_j \cdot C_{j+1} \cdot X_{j+1}$$

$$= -C_i \cdot X_i - \sum_{j=i}^{n} ß_{j}^{(i)} \cdot \alpha_j \cdot C_{j+1} \cdot g_j(Y_j, Z_j) \ .$$

Bei der letzten Umformung wurde die Lagerbilanzgleichung

$$X_{j+1} = g_j(Y_j, Z_j)$$

benutzt.

Mit (1.44) erhält man aus (1.43) unter Berücksichtigung von $Y_j = X_j + \eta_j$:

$$(1.45)\quad f_{[i,n]}(c_i, x_i, z_{i-1} \mid \eta_{[i,n]})$$

$$= E_{\eta_{[i,n]}, X_i = x_i} \Big[\sum_{j=i}^{n} ß_j^{(i)} \cdot \big\{ k_j \cdot \delta(\eta_j) + C_j \cdot Y_j + \ell_j(X_j + \eta_j, C_j, Z_j) \big\}$$

$$- \sum_{j=i}^{n} ß_j^{(i)} \cdot \alpha_j \cdot C_{j+1} \cdot g_j(Y_j, Z_j) - C_i \cdot X_i \,\Big|\, C_i = c_i, Z_{i-1} = z_{i-1} \Big]$$

$$= -c_i \cdot x_i + E_{\eta_{[i,n]}, X_i = x_i} \Big[\sum_{j=i}^{n} ß_j^{(i)} \cdot \big\{ k_j \cdot \delta(\eta_j) + C_j \cdot (X_j + \eta_j)$$

$$- \alpha_j \cdot C_{j+1} \cdot g_j(X_j + \eta_j, Z_j) + \ell_j(X_j + \eta_j, C_j, Z_j) \big\} \,\Big|\, C_i = c_i, Z_{i-1} = z_{i-1} \Big] \ .$$

Da der Term $-c_i \cdot x_i$ durch die Bestellpolitik $\eta_{[i,n]}$ nicht beeinflußt wird, hat er auch keinen Einfluß auf die Bestimmung einer optimalen Bestellpolitik und kann daher künftig fortgelassen werden. Lediglich bei der Berechnung der gesamten, auf den Zeitpunkt t_{i-1} diskontierten erwarteten Lagerhaltungskosten der Perioden $i, i+1, \ldots, n$ ist er als additiver Term zu berücksichtigen.

Setzt man daher:

(1.46) $\bar{f}_{[i,n]}(c_i,x_i,z_{i-1} \mid \eta_{[i,n]})$

$$:= E_{\eta_{[i,n]},X_i=x_i}\Big[\sum_{j=i}^{n} ß_j^{(i)} \cdot \Big\{k_j \cdot \delta(\eta_j)+C_j(X_j+\eta_j) - \alpha_j \cdot C_{j+1} \cdot g_j(X_j+\eta_j,Z_j)+\ell_j(X_j+\eta_j,C_j,Z_j)\Big\} \Big| C_i=c_i, Z_{i-1}=z_{i-1}\Big]$$

und schreibt man hierfür noch

(1.47) $\bar{f}_{[i,n]}(c_i,x_i,z_{i-1} \mid \eta_{[i,n]})$

$$= k_i \cdot \delta(\eta_i)+c_i(x_i+\eta_i)-\alpha_i \cdot J_i(x_i+\eta_i \mid c_i,z_{i-1})+L_i(x_i+\eta_i \mid c_i,z_{i-1})$$
$$+\alpha_i \cdot E_{\eta_{[i,n]},X_i=x_i}\Big[\sum_{j=i+1}^{n} ß_j^{(i+1)} \cdot \Big\{k_j \cdot \delta(\eta_j)+C_j \cdot (X_j+\eta_j) - \alpha_j \cdot C_{j+1} \cdot g_j(X_j+\eta_j,Z_j)+\ell_j(X_j+\eta_j,C_j,Z_j)\Big\} \Big| C_i=c_i, Z_{i-1}=z_{i-1}\Big] \quad ,$$

wobei

(1.48) $$J_i(x_i+\eta_i \mid c_i,z_{i-1}) := E\Big[C_{i+1} \cdot g_i(x_i+\eta_i,Z_i) \Big| C_i=c_i, Z_{i-1}=z_{i-1}\Big]$$

$$= \int_0^\infty \int_0^\infty c_{i+1} \cdot g_i(x_i+\eta_i,z_i)\,dG_{i+1}(c_{i+1} \mid z_i,c_i)\,dF_i(z_i \mid c_i,z_{i-1})$$

gesetzt wurde und $L_i(x_i+\eta_i \mid c_i,z_{i-1})$ wieder durch (1.26) erklärt ist, so erhält man aus (1.47) völlig analog zur Vorgangsweise auf S. 14 die Rekursionsgleichung:

(1.49) $\bar{f}_{[i,n]}(c_i,x_i,z_{i-1} \mid \eta_{[i,n]})$

$$= k_i \cdot \delta(\eta_i)+c_i(x_i+\eta_i)-\alpha_i \cdot J_i(x_i+\eta_i \mid c_i,z_{i-1})+L_i(x_i+\eta_i \mid c_i,z_{i-1})$$
$$+\alpha_i \cdot E\Big[\bar{f}_{[i+1,n]}(C_{i+1},g_i(x_i+\eta_i,Z_i),Z_i \mid \eta_{[i,n]}) \Big| C_i=c_i, Z_{i-1}=z_{i-1}\Big]$$

$$i \in \{1,2,\ldots,n\}.$$

Setzen wir noch

$$(1.50)\quad \bar{V}_i(y_i|c_i,z_{i-1}) := c_i\cdot y_i - \alpha_i\cdot J_i(y_i|c_i,z_{i-1}) + L_i(y_i|c_i,z_{i-1}) ,$$

$$i\in\{1,2,\dots,n\},$$

so können wir (1.49) schreiben in der Form:

$$(1.51)\quad \bar{f}_{[i,n]}(c_i,x_i,z_{i-1}|\eta_{[i,n]})$$
$$= k_i\cdot\delta(\eta_i) + \bar{V}_i(x_i+\eta_i|c_i,z_{i-1})$$
$$+\alpha_i\cdot E\left[\bar{f}_{[i+1,n]}(C_{i+1},g_i(x_i+\eta_i,Z_i),Z_i|\eta_{[i,n]})\middle| C_i=c_i,Z_{i-1}=z_{i-1}\right] .$$

Ist nun

$$(1.52)\quad \bar{f}_{[i,n]}(c_i,x_i,z_{i-1}) := \inf_{\eta_{[i,n]}\geq \underline{0}} \left\{\bar{f}_{[i,n]}(c_i,x_i,z_{i-1}|\eta_{[i,n]})\right\}$$

und nehmen wir noch auf beiden Seiten von (1.51) die Infimumbildung bezüglich $\eta_{[i,n]}\geq \underline{0}$ vor, so erhalten wir unter Berücksichtigung der Tatsache, daß unter den hier getroffenen Voraussetzungen die Vertauschbarkeit von Infimum- und Erwartungswertoperator zulässig ist analog zu (1.33') die Rekursionsgleichung:

$$(1.53')\quad \bar{f}_{[i,n]}(c_i,x_i,z_{i-1}) = \inf_{\eta_i\geq 0}\Big\{k_i\cdot\delta(\eta_i)+\bar{V}_i(x_i+\eta_i|c_i,z_{i-1})$$
$$+\alpha_i\cdot E\left[\bar{f}_{[i+1,n]}(C_{i+1},g_i(x_i+\eta_i,Z_i),Z_i)\middle| C_i=c_i,Z_{i-1}=z_{i-1}\right]\Big\}$$

$$i\in\{1,2,\dots,n\},$$

die wir natürlich auch in der Form:

$$(1.53'')\quad \bar{f}_{[i,n]}(c_i,x_i,z_{i-1}) = \inf_{\eta_i\geq 0}\Big\{k_i\cdot\delta(\eta_i)+\bar{V}_i(x_i+\eta_i|c_i,z_{i-1})$$

$$+\alpha_i \cdot \int_0^\infty \int_0^\infty f_{[i+1,n]}(c_{i+1}, g_i(x_i+\eta_i, z_i), z_i)$$

$$dG_{i+1}(c_{i+1} | z_i, c_i) dF_i(z_i | c_i, z_{i-1}) \}$$

$$i \in \{1,2,\ldots,n\}$$

schreiben können. Beginnend mit

$$(1.54) \qquad \bar{f}_{[n+1,n]}(c_{n+1}, x_{n+1}, z_n) := 0$$

lassen sich mittels (1.53') bzw. (1.53") die Funktionen $\bar{f}_{[i,n]}(\cdot,\cdot,\cdot)$ der Variablen c_i, x_i, z_{i-1} nacheinander bestimmen und in

$$(1.55) \qquad f_{[i,n]}(c_i, x_i, z_{i-1}) = \bar{f}_{[i,n]}(c_i, x_i, z_{i-1}) - c_i \cdot x_i$$

erhält man die minimalen auf den Zeitpunkt t_{i-1} diskontierten erwarteten Lagerhaltungskosten für die Perioden $i, i+1, \ldots, n$. Für $i := 1$ erhalten wir in (1.55) die auf den Zeitpunkt t_0 diskontierten erwarteten Lagerhaltungskosten für den gesamten Planungszeitraum.

Wir fassen zusammen:
Mit

$$y_i := x_i + \eta_i \quad ; \quad x_{i+1} = g_i(y_i, z_i)$$

lassen sich die Bellman'schen Funktionalgleichungen für die Modelle A bzw. B in der folgenden Form schreiben:

Modell A:

(1.56) $f_{[i,n]}(c_i, x_i, z_{i-1})$

$$= -c_i \cdot x_i + \inf_{\eta_i \geq 0} \Big\{ k_i \cdot \delta(\eta_i) + V_i(x_i + \eta_i | c_i, z_{i-1})$$

$$+ \alpha_i \cdot \int_0^\infty \int_0^\infty f_{[i+1,n]}(c_{i+1}, g_i(x_i + \eta_i, z_i), z_i)$$

$$\cdot dG_{i+1}(c_{i+1} | z_i, c_i) dF_i(z_i | c_i, z_{i-1}) \Big\}$$

$$i \in \{1, 2, \ldots, n\}$$

Modell B:

(1.57) $\bar{f}_{[i,n]}(c_i, x_i, z_{i-1})$

$$= \inf_{\eta_i \geq 0} \Big\{ k_i \cdot \delta(\eta_i) + \bar{V}_i(x_i + \eta_i | c_i, z_{i-1})$$

$$+ \alpha_i \cdot \int_0^\infty \int_0^\infty \bar{f}_{[i+1,n]}(c_{i+1}, g_i(x_i + \eta_i, z_i), z_i)$$

$$\cdot dG_{i+1}(c_{i+1} | z_i, c_i) dF_i(z_i | c_i, z_{i-1}) \Big\}$$

$$i \in \{1, 2, \ldots, n\}$$

mit

(1.58) $f_{[n+1,n]}(c_{n+1}, x_{n+1}, z_n) := \bar{f}_{[n+1,n]}(c_{n+1}, x_{n+1}, z_n) := 0$

wobei $V_i(y_i | c_i, z_{i-1})$ bzw. $\bar{V}_i(y_i | c_i, z_{i-1})$ durch (1.39) bzw. (1.5o) definiert ist.

Für die Infimumbildung bezeichnen wir den Ausdruck in der geschweiften Klammer in (1.59) bzw. (1.6o) mit $H_i(\eta_i | c_i, x_i, z_{i-1})$ bzw. $\bar{H}_i(\eta_i | c_i, x_i, z_{i-1})$:

$$H_i(\eta_i | c_i, x_i, z_{i-1}) := k_i \cdot \delta(\eta_i) + V_i(x_i + \eta_i | c_i, z_{i-1})$$

$$+ \alpha_i \cdot \int_0^\infty \int_0^\infty f_{[i+1,n]}(c_{i+1}, x_i + \eta_i - z_i, z_i) dG_{i+1}(c_{i+1} | z_i, c_i) dF_i(z_i | c_i, z_{i-1})$$

bzw.

$$\bar{H}_i(\eta_i\ c_i, x_i, z_{i-1}) := k_i \cdot \delta(\eta_i) + \bar{V}_i(x_i+\eta_i | c_i, z_{i-1})$$

$$+ \alpha_i \cdot \int_0^\infty \int_0^\infty \bar{f}_{[i+1,n]}(c_{i+1}, x_i+\eta_i-z_i, z_i)\, dG_{i+1}(c_{i+1}| z_i, c_i)\, dF_i(z_i| c_i, z_{i-1}) \ .$$

Bei den nachfolgenden speziellen Überlegungen zu den Modellen A und B beschränken wir uns der Einfachheit halber auf den Fall eines unbeschränkt teilbaren Gutes (kontinuierliches Lagergut) und nehmen ferner an, daß Preis- bzw. Nachfrageverteilungen stetig seien und etwa die Dichten

$$\gamma_{i+1}(c_{i+1}| z_i, c_i) \quad \text{bzw.} \quad \varphi_i(z_i|c_i, z_{i-1})$$

haben.

Ausgehend von den Funktionalgleichungen (1.56) bzw. (1.57) mit den Anfangsbedingungen (1.58) werden wir in den Abschnitten 2 und 3, jeweils unter unterschiedlichen Voraussetzungen, den Nachweis erbringen, daß bei dem betrachteten Lagerhaltungsmodell eine optimale Bestellpolitik vom Typ (s,S) existiert. In Abschnitt 2 führen wir diesen Nachweis unter den nachstehenden Voraussetzungen:

1. Es gelte: $g_i(y_i, z_i) := y_i - z_i \quad , \quad \forall\, i \in \mathbb{N}$,

   d. h. die Lagerbilanzgleichung lautet speziell:

   $$x_{i+1} = y_i - z_i \qquad , \quad \forall\, i \in \mathbb{N} \ .$$

   Nicht befriedigte Nachfrage werde somit vorgemerkt, es handelt sich also um den back-order-case.

2. Die Funktionen

   $\overset{(-)}{V}_i : \mathbb{R} \to \mathbb{R}$ mit $y_i \mapsto \overset{(-)}{V}_i(y_i|c_i, z_{i-1})$

seien für beliebige $(c_i, z_{i-1}) \in \mathbb{R}_{(\geq 0)} \times \mathbb{R}_{(\geq 0)}$ auf $\mathbb{R}$ konvexe Funktionen, $\forall\, i \in \{1,2,\ldots,n\}$.

3. Es gelte: $\lim_{|y_i| \to \infty} \overset{(-)}{V}_i(y_i | c_i, z_{i-1}) = \infty \quad , \quad \forall\, i \in \{1,2,\ldots,n\}$.

4. Es gelte: $k_i \geq \alpha_i \cdot k_{i+1} \quad , \quad \forall\, i \in \{1,2,\ldots,n-1\}$.

Von den Funktionen $\overset{(-)}{V}_i$ setzen wir somit nach 2. und 3. voraus, daß sie eine graphische Darstellung von der in Abbildung 1 wiedergegebenen Form besitzen.

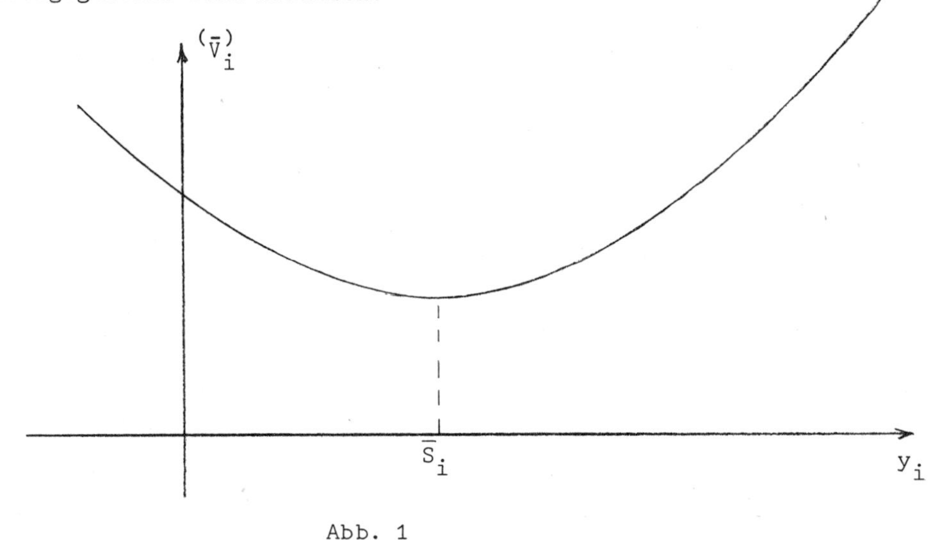

Abb. 1

Wir beschließen die Ausführungen dieses Abschnitts mit einer kurzen Beschreibung der Resultate von Abschnitt 2.

Sind die Voraussetzungen 1. - 4. erfüllt und ist

$$\eta_{[1,n]} := (\eta_1, \ldots, \eta_i, \ldots, \eta_n)$$

eine Bestellpolitik und sind

$$f_{[1,n]}(c_1,x_1,z_o \mid \eta_{[1,n]})$$

die zugehörigen Lagerhaltungskosten, so werden wir zeigen:

1. Es existiert eine optimale Bestellpolitik $\eta^*_{[1,n]} := (\eta^*_1,\ldots,\eta^*_i,\ldots,\eta^*_n)$ mit $\eta^*_i(\cdot,\cdot,\cdot)$ als nichtnegativen Borel-meßbaren Funktionen der Argumente (c_i,x_i,z_{i-1}), $i\in\{1,2,\ldots,n\}$, d. h. es gilt:

$$f_{[1,n]}(c_1,x_1,z_o \mid \eta^*_{[1,n]}) = \inf_{\eta_{[1,n]}\geq \underline{0}} \left\{ f_{[1,n]}(c_1,x_1,z_o \mid \eta_{[1,n]}) \right. .$$

2. Wenigstens eine optimale Bestellpolitik $\eta^*_{[1,n]}$ ist vom (s,S)-Typ, d. h. für jedes $i\in\{1,2,\ldots,n\}$ existieren Borel-meßbare Funktionen $s_i(\cdot,\cdot)$ und $S_i(\cdot,\cdot)$ der Argumente c_i,z_{i-1} mit $s_i(c_i,z_{i-1})\leq S_i(c_i,z_{i-1})$, $\forall\,(c_i,z_{i-1})\in \mathbb{R}_{(\geq o)}\times\mathbb{R}_{(\geq o)}$, so daß für $i\in\{1,2,\ldots,n\}$ gilt:

$$(1.59)\quad \eta^*_i(c_i,x_i,z_{i-1}) = \begin{cases} S_i(c_i,z_{i-1})-x_i, & \text{falls } x_i < s_i(c_i,z_{i-1}) \\ 0 & \text{, falls } x_i \geq s_i(c_i,z_{i-1}) \end{cases}$$

3. Mit $y_i := x_i + \eta_i$ und

$$\overset{(-)}{W}_i(y_i \mid c_i,z_{i-1}) := \overset{(-)}{V}_i(y_i \mid c_i,z_{i-1}) + \alpha_i\cdot E\left[\overset{(-)}{f}_{[i+1,n]}(c_{i+1},y_i-Z_i,Z_i) \,\middle|\, C_i=c_i,Z_{i-1}=z_{i-1}\right]$$

gilt:

a) Für beliebiges, aber festes $(c_i,z_{i-1})\in\mathbb{R}_{(\geq o)}\times\mathbb{R}_{(\geq o)}$ ist $S_i(c_i,z_{i-1})$ die kleinste Zahl aus $\mathbb{R}$, für die gilt:

$$W_i(S_i(c_i,z_{i-1}) \mid c_i,z_{i-1}) = \inf_{y_i\in\mathbb{R}} \left\{ W_i(y_i \mid c_i,z_{i-1}) \right\} .$$

b) Für beliebiges auf festes $(c_i, z_{i-1}) \in \mathbb{R}_{(\geq 0)} \times \mathbb{R}_{(\geq 0)}$ ist $s_i(c_i, z_{i-1})$ die kleinste Zahl mit $s_i(c_i, z_{i-1}) \in \,]-\infty, S_i(c_i, z_{i-1})]$, für die gilt:

$$W_i(s_i(c_i, z_{i-1}) | c_i, z_{i-1}) \leq W_i(S_i(c_i, z_{i-1}) | c_i, z_{i-1}) + k_i \ .$$

Man nennt $s_i(c_i, z_{i-1})$ "Bestellpunkt" oder "Nachbestellgrenze", $S_i(c_i, z_{i-1})$ heißt "Bestellniveau".

Die optimale, durch (1.59) charakterisierte Bestellregel bedeutet: Gilt für den Lagerbestand x_i zu Beginn der i-ten Periode $x_i < s_i(c_i, z_{i-1})$, so bestelle man $S_i(c_i, z_{i-1}) - x_i$ Einheiten des Gutes, gilt $x_i \geq s_i(c_i, z_{i-1})$, so wird keine Bestellung aufgegeben. Mit

$$y_i^*(c_i, x_i, z_{i-1}) := x_i + \eta_i^*(c_i, x_i, z_{i-1}) \ , \quad i \in \{1, 2, \ldots, n\}$$

läßt sich (1.59) auch schreiben in der Form:

$$(1.60) \quad y_i^*(c_i, x_i, z_{i-1}) = \begin{cases} S_i(c_i, z_{i-1}) \ , & \text{falls } x_i < s_i(c_i, z_{i-1}) \\ x_i \ , & \text{falls } x_i \geq s_i(c_i, z_{i-1}) \ , \end{cases}$$

d. h. ist $x_i < s_i(c_i, z_{i-1})$, so fülle man zu Beginn der i-ten Periode den Lagerbestand auf das Bestellniveau auf, ist $x_i \geq s_i(c_i, z_{i-1})$, so nehme man keine Ergänzung des Lagerbestandes vor.

2. Struktur einer optimalen Politik: Optimalitätsbeweise unter den Voraussetzungen von Scarf

Die am Ende des vorhergehenden Abschnittes zusammengestellten Bedingungen sind, übertragen auf das hier vorliegende Modell, im wesentlichen die Bedingungen, unter denen Scarf den Nachweis der Optimalität einer (s,S)-Politik für Lagerhaltungsmodelle mit deterministischen Preisen und voneinander unabhängigen identisch verteilten Nachfragen bewiesen hat. Eine der wesentlichen Voraussetzungen ist dabei die Konvexität der Funktionen $\overset{(-)}{V}_i(\cdot \mid c_i, z_{i-1})$ als Funktionen von y_i auf $\mathbb{R}$, $i \in \{1,2,\ldots,n\}$. Neben dem Begriff einer auf $\mathbb{R}$ konvexen Funktion wird für den nachfolgenden Optimalitätsbeweis auch der von Scarf [16] eingeführte Begriff der k-konvexen Funktion benötigt. Um den späteren Optimalitätsbeweis nicht durch Hilfsbetrachtungen unterbrechen zu müssen, sollen daher im nachfolgenden Abschnitt die Definitionen der Konvexität sowie der k-Konvexität zusammen mit einigen wichtigen Sätzen über k-konvexe Funktionen [16] zusammengestellt werden.

2.1 Hilfssätze über konvexe und k-konvexe Funktionen

Def. 1:
Eine Funktion

$$f: \mathbb{R} \rightarrow \mathbb{R} \text{ mit } x \longmapsto f(x)$$

heißt auf $\mathbb{R}$ konvex, wenn für beliebige $x \in \mathbb{R}$ und für alle $a, b \in \mathbb{R}_{(>0)}$ gilt:

$$f(a+x) - f(x) - a \cdot \left[\frac{f(x)-f(x-b)}{b} \right] \geq 0 \, . \tag{2.1}$$

Ist in (2.1) das Gleichheitszeichen ausgeschlossen, so spricht man von strenger Konvexität. Schreibt man (2.1) in der Form

$$\frac{f(x+a)-f(x)}{a} \geq \frac{f(x)-f(x-b)}{b} \, ,$$

so läßt sich die Konvexität wie in der nachstehenden Abb. 2 wiedergegeben deuten.

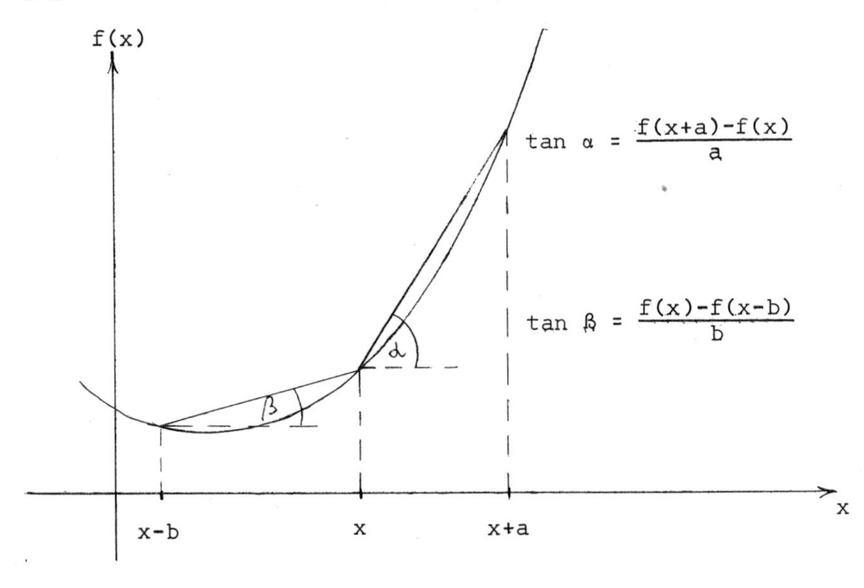

Abb. 2

Hilfssatz 1:
Ist die Funktion

$$f: \mathbb{R} \to \mathbb{R} \text{ mit } x \mapsto f(x)$$

auf $\mathbb{R}$ konvex, so ist sie auf $\mathbb{R}$ stetig.

Beweis:
Nach (2.1) gilt:

$$f(x+a) - f(x) \geq a \cdot \frac{f(x)-f(x-b)}{b} .$$

Hieraus folgt:

$$\liminf_{a \to +0} (f(x+a) - f(x)) \geq 0 \quad , \quad \forall\, x \in \mathbb{R} . \tag{2.2}$$

Schreibt man (2.1) mit $x := y$ in der Form:

$$f(y) - f(y-b) \leq b \cdot \frac{f(y+a)-f(y)}{a} ,$$

so folgt:

$$\limsup_{b \to +0} (f(y) - f(y-b)) \leq 0$$

oder

(2.3) $$\limsup_{a \to +0} (f(y) - f(y-a)) \leq 0 \quad , \quad \forall y \in \mathbb{R} .$$

Setzen wir in (2.3) $y := x+a$, so folgt:

(2.4) $$\limsup_{a \to +0} (f(x+a) - f(x)) \leq 0 \quad , \quad \forall x \in \mathbb{R} ,$$

und aus (2.2) und (2.4) weiter

$$\limsup_{a \to +0} (f(x+a) - f(x)) = \liminf_{a \to +0} (f(x+a) - f(x)) = 0, \forall x \in \mathbb{R}$$

und damit

$$\lim_{a \to +0} (f(x+a) - f(x)) = 0 \quad , \quad \forall x \in \mathbb{R} ,$$

also

(2.5) $$\lim_{a \to +0} f(x+a) = f(x) \quad , \quad \forall x \in \mathbb{R} .$$

In entsprechender Weise zeigt man:

(2.6) $$\lim_{b \to +0} f(x-b) = f(x) \quad , \quad \forall x \in \mathbb{R} ,$$

und mit (2.5), (2.6) ist Hilfssatz 1 bewiesen.

Aus Hilfssatz 1 ergibt sich, daß die nach Voraussetzung auf $\mathbb{R}$ konvexen Funktionen $\overset{(-)}{\bar{V}}_i(\cdot \mid c_i, z_{i-1})$ auf $\mathbb{R}$ als Funktionen von y_i stetig sind. Hieraus kann man unter Benutzung der Funktionalgleichungen (1.56) bzw. (1.57), sukzessiv für $i = n(-1)1$ betrachtet, beginnend mit $\overset{(-)}{\bar{f}}_{[n+1,n]}(c_{n+1}, x_{n+1}, z_n) := 0$ schließen, daß dann auch die gemäß

(2.7) $\overset{(-)}{W}_i(y_i|c_i,z_{i-1}) := \overset{(-)}{V}_i(y_i|c_i,z_{i-1})$

$$+\alpha_i \cdot \int_0^\infty \int_0^\infty \overset{(-)}{f}_{i+1,n}(c_{i+1},y_i-z_i,z_i)dG_{i+1}(c_{i+1}|z_i,c_i)dF_i(z_i|c_i,z_{i-1})$$

definierten Funktionen $\overset{(-)}{W}_i(\cdot|c_i,z_{i-1})$ als Funktionen von y_i auf $\mathbb{R}$ sowie die Funktionen $\overset{(-)}{f}_{[i,n]}(c_i, \ ,z_{i-1})$ als Funktionen von x_i auf $\mathbb{R}$ stetig sind, $i \in \{1,2,\ldots,n\}$, siehe hierzu Hilfssatz 8. Und es ist insbesondere die Stetigkeit der $\overset{(-)}{W}_i(\cdot|c_i,z_{i-1})$ als Funktionen von y_i auf $\mathbb{R}$, welche - neben der später noch nachzuweisenden k_i-Konvexität sowie der Grenzwerteigenschaft $\lim_{|y_i|\to\infty} W_i(y_i|c_i,z_{i-1}) = \infty$ - die Existenz einer optimalen Politik der Form $(s_i(c_i,z_{i-1}),S_i(c_i,z_{i-1}))$ für die i-te Periode sicherstellt.

Hilfssatz 2:
Die Funktion

$$f: \mathbb{R} \to \mathbb{R} \text{ mit } x \longmapsto f(x)$$

sei auf $\mathbb{R}$ stetig differenzierbar. Dann und nur dann ist f auf $\mathbb{R}$ konvex, wenn für alle $x \in \mathbb{R}$ und alle $a \in \mathbb{R}_{(>0)}$ gilt:

(2.8) $\qquad f(a+x) - f(x) - a \cdot f'(x) \geq 0$.

Für einen Beweis dieses Satzes siehe z. B. [16] .

Zum Nachweis der Existenz einer optimalen (s,S)-Politik benötigen wir noch den von Scarf eingeführten Begriff der k-Konvexität.

Def. 2:

Es sei $k \in \mathbb{R}_{(\geq 0)}$. Eine Funktion

$$f: \mathbb{R} \to \mathbb{R} \text{ mit } x \longmapsto f(x)$$

heißt auf $\mathbb{R}$ k-konvex, falls für beliebige $x \in \mathbb{R}$ und alle $a, b \in \mathbb{R}_{(>0)}$ gilt:

$$k + f(a+x) - f(x) - a \cdot \left[\frac{f(x)-f(x-b)}{b} \right] \geq 0 \ . \tag{2.9}$$

Entsprechend dem Hilfssatz 2 gilt hier der

Hilfssatz 3:

$$f: \mathbb{R} \to \mathbb{R} \text{ mit } x \longmapsto f(x)$$

sei auf $\mathbb{R}$ stetig differenzierbar. Dann und nur dann ist f auf $\mathbb{R}$ k-konvex, wenn für alle $x \in \mathbb{R}$ und alle $a \in \mathbb{R}_{(>0)}$ gilt:

$$k + f(a+x) - f(x) - a \cdot f'(x) > 0 \ . \tag{2.10}$$

Wie Scarf [16] erwähnt, läßt die k-Konvexität (im Gegensatz zur Konvexität) zwar zu, daß die Funktion f auf $\mathbb{R}$ mehrere - unter Umständen sogar eine größere Anzahl - von Maxima und Minima besitzt, f aber dennoch nicht so stark oszilliert, als daß dies die Existenz einer optimalen (s,S)-Politik in Frage stellen könnte.

Entsprechend Scarf stellen wir einige nützliche Hilfssätze über die k-Konvexität zusammen.

Hilfssatz 4:

1. 0-Konvexität und gewöhnliche Konvexität nach Def. 1 sind äquivalente Begriffe.

2. Ist

$$f: \mathbb{R} \to \mathbb{R} \text{ mit } x \longmapsto f(x)$$

eine auf $\mathbb{R}$ k-konvexe Funktion, so sind für beliebige $a \in \mathbb{R}$ die Funktionen:

$$g: \mathbb{R} \to \mathbb{R} \text{ mit } x \longmapsto g(x) := f(x+a)$$

auf $\mathbb{R}$ ebenfalls k-konvex.

3. Ist

$$f_1: \mathbb{R} \to \mathbb{R} \text{ mit } x \longmapsto f_1(x)$$

eine auf $\mathbb{R}$ k_1-konvexe und

$$f_2: \mathbb{R} \to \mathbb{R} \text{ mit } x \longmapsto f_2(x)$$

eine auf $\mathbb{R}$ k_2-konvexe Funktion, so ist für beliebige $\alpha_1, \alpha_2 \in \mathbb{R}_{(\geq 0)}$ die Funktion

$$\alpha_1 \cdot f_1 + \alpha_2 \cdot f_2$$

auf $\mathbb{R}$ eine $(\alpha_1 \cdot k_1 + \alpha_2 \cdot k_2)$-konvexe Funktion.

Natürlich läßt sich die Eigenschaft 3 unmittelbar auf den Fall abzählbarer Linearkombinationen

$$(2.11) \qquad g(x) := \sum_{i=1}^{\infty} \alpha_i \cdot f_i(x) \quad , \quad \alpha_i \in \mathbb{R}_{(\geq 0)}, \ \forall \, i \in \mathbb{N}$$

k_i-konvexer Funktionen bzw. auf Integrale wie z. B.

$$(2.12) \qquad g(x) := \int_{-\infty}^{\infty} \int_{-\infty}^{\infty} f(x;y,z) d\, F(y,z)$$

über für alle $(y,z) \in \mathbb{R} \times \mathbb{R}$ in x auf $\mathbb{R}$ $k(y,z)$-konvexe Funktionen $f(\cdot\,;y,z)$, wobei $F(y,z)$ die Verteilungsfunktion eines zweidimensionalen Zufallsvektors (Y,Z) sei, verallgemeinern.

Unter der Voraussetzung, daß die Vertauschung der Grenzübergänge zulässig ist, handelt es sich bei (2.11) um eine auf $\mathbb{R}$ $\sum_{i=1}^{\infty} \alpha_i \cdot k_i$-konvexe Funktion und bei (2.12) um eine auf $\mathbb{R}$ $\int_{-\infty}^{\infty}\int_{-\infty}^{\infty} k(y,z)d\,F(y,z)$-konvexe Funktion g der Variablen x.

2.2 Optimale (s,S)-Bestellpolitik für Modell A, falls die Nachfrage vorgemerkt wird (back-order-case)

Für Modell A soll jetzt der Nachweis für die Existenz einer optimalen Politik vom Typ (s,S) geführt werden. Hierzu gehen wir aus von der Funktionalgleichung (1.56). Da der back-order-case unterstellt wird, also speziell

$$(2.13)\quad x_{i+1} = g_i(y_i,z_i) := y_i - z_i \quad , \qquad \forall i \in \{1,2,\ldots,n\}$$

gelten soll, lautet die zugrunde liegende Funktionalgleichung (1.56) jetzt:

$$(2.14)\quad f_{[i,n]}(c_i,x_i,z_{i-1}) = -c_i x_i$$

$$+ \inf_{\eta_i \geq 0} \Big\{ k_i \cdot \delta(\eta_i) + V_i(x_i+\eta_i \mid c_i,z_{i-1})$$

$$+ \alpha_i \cdot \int_0^{\infty}\int_0^{\infty} f_{[i+1,n]}(c_{i+1},x_i+\eta_i-z_i,z_i)dG_{i+1}(c_{i+1} \mid z_i,c_i)dF_i(z_i \mid c_i,z_{i-1})$$

$$i \in \{1,2,\ldots,n\}$$

mit

$$(2.15)\quad f_{[n+1,n]}(c_{n+1},x_{n+1},z_n) := 0$$

$$(2.16)\quad V_i(y_i \mid c_i,z_{i-1}) := c_i y_i + L_i(y_i \mid c_i,z_{i-1}) \ ,$$

wobei $x_i + \eta_i := y_i$ gesetzt wurde und L_i definiert ist durch

$$(2.17)\quad L_i(y_i \mid c_i, z_{i-1}) := \int_{\mathbb{R}(\geq 0)} \ell_i(y_i, c_i, z)\, dF_i(z \mid c_i, z_{i-1}) \;,$$

$i \in \{1,2,\ldots,n\}$. Setzen wir noch

$$(2.18)\quad W_i(y_i \mid c_i, z_{i-1}) := V_i(y_i \mid c_i, z_{i-1})$$

$$+ \alpha_i \cdot \int_0^\infty \int_0^\infty f_{[i+1,n]}(c_{i+1}, y_i - z_i, z_i)\, dG_{i+1}(c_{i+1} \mid z_i, c_i)\, dF_i(z_i \mid c_i, z_{i-1})$$

sowie:

$$(2.19)\quad H_i(\eta_i \mid c_i, x_i, z_{i-1}) := k_i \cdot \delta(\eta_i) + W_i(x_i + \eta_i \mid c_i, z_{i-1}) \;,$$

so können wir (2.14) auch schreiben in der Form:

$$(2.2o)\quad f_{[i,n]}(c_i, x_i, z_{i-1}) = -c_i \cdot x_i + \inf_{\eta_i \geq 0} \left\{ k_i \cdot \delta(\eta_i) + W_i(x_i + \eta_i \mid c_i, z_{i-1}) \right\}$$

bzw.

$$(2.21)\quad f_{[i,n]}(c_i, x_i, z_{i-1}) = -c_i \cdot x_i + \inf_{\eta_i \geq 0} \left\{ H_i(\eta_i \mid c_i, x_i, z_{i-1}) \right\}$$

Insbesondere aus der Schreibweise (2.2o) ist ersichtlich, daß für eine optimale Bestellpolitik der i-ten Stufe gelten wird $\eta_i^* = \eta_i^*(c_i, x_i, z_{i-1})$ und daß die Struktur dieser Politik in starkem Maße durch die Eigenschaften der Funktion $(W_i(\cdot \mid c_i, z_{i-1})$ als Funktion von y_i bestimmt ist. Um solche Eigenschaften von $W_i(\cdot \mid c_i, z_{i-1})$ sicherzustellen, welche es uns erlauben, bekannte Sätze der Analysis über die Existenz Infimums sowie die Abhängigkeit der Infimumstelle von den Parametern auf die vorliegende Aufgabenstellung

$$\inf_{\eta_i \geq 0} \left\{ k_i \cdot \delta(\eta_i) + W_i(x_i + \eta_i \mid c_i, z_{i-1}) \right\}$$

anwenden zu können, treffen wir, wie bereits am Ende von Abschnitt 1.4 bemerkt, neben der schon in der Funktionalgleichung (2.2o) berücksichtigten Voraussetzung über die Lagerbestandsgleichung (2.19) die folgenden Annahmen:

1. Es handele sich um die Lagerhaltung eines unbeschränkt teilbaren Gutes, ferner seien die Preise ebenfalls unbeschränkt teilbar (kontinuierliches Lagergut und kontinuierliche Preise).

2. Die Preis- bzw. Nachfrageverteilungen seien stetig, ihre Dichten seien bezeichnet mit

   $$\psi_{i+1}(c_{i+1} \mid z_i, c_i) \quad \text{bzw.} \quad \varphi_i(z_i \mid c_i, z_{i-1})$$

   d. h. es gelte:

   $$dG_{i+1}(c_{i+1} \mid z_i, c_i) = \psi_{i+1}(c_{i+1} \mid z_i, c_i) dc_{i+1}$$

   $$i \in \{1,2,\ldots,n\}$$

   sowie

   $$dF_i(z_i \mid c_i, z_{i-1}) = \varphi_i(z_i \mid c_i, z_{i-1}) dz_i$$

   und

   $$dG_1(c_1 \mid z_o) = \psi_1(c_1 \mid z_o) dc_1 \; ; \; dF_o(z_o) = \varphi_o(z_o) dz_o \; .$$

3. Die $V_i(\cdot \mid c_i, z_{i-1})$ seien als Funktionen von y_i auf $\mathbb{R}$ konvex.

4. Es gilt

   $$\lim_{|y_i| \to \infty} V_i(y_i \mid c_i, z_{i-1}) = \infty \; .$$

Ist 1. und 2. erfüllt, so läßt sich wegen (2.17) leicht nachweisen, daß für die in Abschnitt 1.3. beschriebenen Kostenstrukturen die Funktionen

$$V_i: \mathbb{R} \to \mathbb{R} \text{ mit } y \longmapsto V_i(y_i \mid c_i, z_{i-1}) := c_i y_i + L_i(y_i \mid c_i, z_{i-1})$$

den Bedingungen 3. bzw. 4. genügen, falls $p_i > c_i$ gilt, $\forall i \in \{1,2,\ldots,n\}$, siehe hierzu Abschnitt 2.4.

Für die nachfolgenden Überlegungen werden wir die bereits am Ende von Abschnitt 1.4 eingeführten Größen $s_i(c_i, z_{i-1})$ sowie $S_i(c_i, z_{i-1})$-also Bestellpunkt sowie Bestellniveau - benötigen.

Wir wollen uns daher kurz mit der Frage ihrer Existenz auseinandersetzen, wobei wir teilweise Resultate dieses Abschnittes zunächst vorwegnehmen.

Genügen die $V_i(\cdot|c_i,z_{i-1})$ als Funktionen von y_i auf $\mathbb{R}$ der Bedingung 3., so folgt aus Hilfssatz 1, daß die $V_i(\cdot|c_i,z_{i-1})$ als Funktionen von y_i auf $\mathbb{R}$ stetig sind.

Sind die $V_i(\cdot|c_i,z_{i-1})$ als Funktionen von y_i auf $\mathbb{R}$ stetig, so werden wir in Hilfssatz 8 durch sukzessive Betrachtung der Funktionalgleichung

$$f_{[i,n]}(c_i,x_i,z_{i-1}) = -c_i\cdot x_i + \inf_{\eta_i\geq 0}\left\{k_i\cdot\delta(\eta_i)+W_i(x_i+\eta_i|c_i,z_{i-1})\right\}$$

für i = n(-1)1, beginnend mit $f_{[n+1,n]}(c_{n+1},x_{n+1},z_n):= 0$, sowie parallel hierzu:

$$W_i(y_i|c_i,z_{i-1}):= V_i(y_i|c_i,z_{i-1})$$
$$+\alpha_i\cdot E\left[f_{[i+1,n]}(C_i,y_i-Z_i,Z_i)|C_i=c_i,Z_{i-1}=z_{i-1}\right]$$

für i = n(-1)1, nachweisen, daß die

$W_i(\cdot|c_i,z_{i-1})$ als Funktionen von y_i auf $\mathbb{R}$ stetig sind

und daß die

$f_{[i,n]}(c_i,\cdot,z_{i-1})$ als Funktionen von x_i auf $\mathbb{R}$ stetig sind,

und dies gilt für beliebige $(c_i,z_{i-1})\in\mathbb{R}_{(\geq 0)}\times\mathbb{R}_{(\geq 0)}$.

Ferner werden wir in Hilfssatz 6 zeigen, daß die Grenzwertbeziehungen

$$(2.22)\qquad \lim_{|y_i|\to\infty} W_i(y_i|c_i,z_{i-1}) = \infty \quad , \quad \forall i\in\{1,2,\ldots,n\}$$

gelten.

Wegen dieser Grenzwertbeziehungen sowie der Stetigkeit von $W_i(\cdot|c_i,z_{i-1})$ als Funktionen von y_i auf $\mathbb{R}$ existiert dann für jedes $(c_i,z_{i-1})\in \mathbb{R}_{(\geq 0)}\times \mathbb{R}_{(\geq 0)}$ eine kleinste, von c_i,z_{i-1} abhängige Zahl $S_i(c_i,z_{i-1})\in \mathbb{R}$ mit

$$(2.23)\qquad W_i(S_i(c_i,z_{i-1})|c_i,z_{i-1}) = \min_{y_i\in\mathbb{R}} \{W_i(y_i|c_i,z_{i-1})\}.$$

Ferner existiert für jedes $(c_i,z_{i-1})\in \mathbb{R}_{(\geq 0)}\times \mathbb{R}_{(\geq 0)}$ aus eben denselben Gründen eine kleinste, von c_i,z_{i-1} abhängige Zahl $s_i(c_i,z_{i-1})\in]-\infty,S_i(c_i,z_{i-1})]$, für die gilt:

$$(2.24)\quad W_i(s_i(c_i,z_{i-1})|c_i,z_{i-1}) = W_i(S_i(c_i,z_{i-1})|c_i,z_{i-1})+k_i\ ,$$

$$\forall\ i\in\{1,2,\ldots,n\}\ .$$

In Satz 1 schließlich werden wir zeigen, daß unter den Voraussetzungen 1. - 4. sowie der zusätzlichen Voraussetzung

$$0<\alpha_i\cdot k_{i+1}\leq k_i \quad , \quad \forall\, i\in\{1,2,\ldots,n-1\}$$

durch die Folge der Paare

$$(s_i(c_i,z_{i-1}),S_i(c_i,z_{i-1})) \quad , \quad i\in\{1,2,\ldots,n\}$$

eine optimale Bestellpolitik vom (s,S)-Typ gemäß

$$\eta_i^*(c_i,x_i,z_{i-1}) = \begin{cases} S_i(c_i,z_{i-1})-x_i & \text{, falls } x_i<s_i(c_i,z_{i-1}) \\ 0 & \text{, falls } x_i\geq s_i(c_i,z_{i-1}) \end{cases}$$

festgelegt ist.

Wegen

$$f_{[i,n]}(c_i,x_i,z_{i-1}) = -c_i\cdot x_i+\inf_{\eta_i\geq 0}\{k_i\cdot\delta(\eta_i)+W_i(x_i+\eta_i|c_i,z_{i-1})\}$$

folgt daraus schließlich:

$$f_{[i,n]}(c_i,x_i,z_{i-1}) = \begin{cases} -c_i \cdot x_i + k_i + W_i(S_i(c_i,z_{i-1}) | c_i,z_{i-1}) , \\ \qquad \text{falls } x_i < s_i(c_i,z_{i-1}) \\ -c_i \cdot x_i + W_i(x_i | c_i,z_{i-1}) , \\ \qquad \text{falls } x_i \geq s_i(c_i,z_{i-1}) . \end{cases}$$

Nachdem damit benötigte Begriffe und Überlegungen vorab skizziert worden sind, wenden wir uns jetzt den Details zu: In einer Reihe von Hilfssätzen werden wir nachweisen, daß unter gemachten Voraussetzungen die $W_i(\cdot | c_i,z_{i-1})$, betrachtet als Funktionen von y_i auf $\mathbb{R}$, solche Eigenschaften besitzen, daß die Existenz einer optimalen Politik vom (s,S)-Typ sichergestellt ist.

Wir beginnen mit

Hilfssatz 5:
Es gelte zusätzlich zu den bisherigen Voraussetzungen, insbesondere den Voraussetzungen 1. - 4.:

$$0 < \alpha_i \cdot k_{i+1} \leq k_i \quad , \quad \forall\, i \in \{1,2,\ldots,n-1\} .$$

Dann sind die Funktionen

$W_i : \mathbb{R} \to \mathbb{R}$ mit $y \longmapsto W_i(y | c_i,z_{i-1})$, wobei

$$W_i(y | c_i,z_{i-1}) := V_i(y | c_i,z_{i-1})$$

$$+ \alpha_i \cdot \int_0^\infty \int_0^\infty f_{[i+1,n]}(c,y-z,z) dG_{i+1}(c | z,c_i) dF_i(z | c_i,z_{i-1})$$

sind für jedes $(c_i,z_{i-1}) \in \mathbb{R}_{(\geq 0)} \times \mathbb{R}_{(\geq 0)}$ k_i-konvex, $i \in \{1,2,\ldots,n\}$.

Beweis:
Den Nachweis führen wir durch vollständige Induktion.

1. Induktionsverankerung:
   Für i:= n gilt wegen $f_{[n+1,n]}(c_{n+1},x_{n+1},z_n):= 0$:

$$W_n(y|c_n,z_{n-1}) = V_n(y|c_n,z_{n-1}) \quad , \quad \forall\, y \in \mathbb{R} .$$

   Nach Voraussetzung 3. ist $V_n(\cdot|c_n,z_{n-1})$ für jedes $(c_n,z_{n-1}) \in \mathbb{R}_{(\geq 0)} \times \mathbb{R}_{(\geq 0)}$ eine in y auf $\mathbb{R}$ konvexe Funktion, und wegen (2.26) ist somit $W_n(\cdot|c_n,z_{n-1})$ für jedes $(c_n,z_{n-1}) \in \mathbb{R}_{(\geq 0)} \times \mathbb{R}_{(\geq 0)}$ eine in y auf $\mathbb{R}$ konvexe und damit erst recht eine in y auf $\mathbb{R}$ k_n-konvexe Funktion. Wegen der Hilfssätze 6 und 8 sowie Satz 1 - angewandt auf die n-te Periode - folgt damit, daß die optimale Politik der n-ten Periode von der Form

$$(s_n(c_n,z_{n-1}),S_n(c_n,z_{n-1}))$$

   ist, so daß gilt:

$$f_{[n,n]}(c_n,x_n,z_{n-1}) = \begin{cases} -c_n \cdot x_n + k_n + W_n(S_n(c_n,z_{n-1})|c_n,z_{n-1}) & \text{für } x_n < s_n(c_n,z_{n-1}) \\ -c_n \cdot x_n + W_n(x_n|c_n,z_{n-1}) & \text{für } x_n \geq s_n(c_n,z_{n-1}) \end{cases}$$

2. Induktionsschluß:
   $W_{i+1}(\cdot|c_{i+1},z_i)$ sei für jedes $(c_{i+1},z_i) \in \mathbb{R}_{(\geq 0)} \times \mathbb{R}_{(\geq 0)}$ eine in y auf $\mathbb{R}$ k_{i+1}-konvexe Funktion.

Wir betrachten nun:

$$(*)\quad f_{[i+1,n]}(c_{i+1},x_{i+1},z_i) = -c_{i+1}\cdot x_{i+1} + \inf_{\eta_{i+1}\in \mathbb{R}_{(\geq o)}} \left\{k_{i+1}\cdot \delta(\eta_{i+1}) + W_i(x_{i+1}+\eta_{i+1} \mid c_{i+1},z_i)\right\}$$

und weisen zunächst nach, daß $f_{[i+1,n]}(c_{i+1},\cdot,z_i)$ auf $\mathbb{R}$ eine in x_{i+1} k_{i+1}-konvexe Funktion ist.

Setzen wir noch zur Abkürzung $(c,z):= (c_{i-1},z_i)$, so folgt nach den Hilfssätzen 6 und 8 sowie Satz 1 - angewandt auf die (i+1)-te Periode - daß wegen der Induktionsvoraussetzungen, also der k_{i+1}-Konvexität von $W_{i+1}(\cdot\mid c_{i+1},z_i)$ als Funktion von y auf $\mathbb{R}$, die optimale Politik der (i+1)-ten Periode von der Form:

$$(s_{i+1}(c,z),S_{i+1}(c,z))$$

ist, so daß gilt:

$$(2.25)\quad f_{[i+1,n]}(c,x,z)=\begin{cases} -c\cdot x + k_{i+1} + W_{i+1}(S_{i+1}(c,z) \mid c,z)\ , & \text{für } x < x_{i+1}(c,z) \\ -c\cdot x + W_{i+1}(x \mid c,z)\ , & \text{für } x \geq s_{i+1}(c,z) \end{cases}$$

Daraus folgt (siehe auch Zabel [ ]), daß $f_{[i+1,n]}(c,\cdot,z)$ als Funktion von x für alle festen $(c,z)\in \mathbb{R}_{(\geq o)}\times \mathbb{R}_{(\geq o)}$ auf $\mathbb{R}$ k_{i+1}-konvex ist.

Wir beweisen dies unter Benutzung der k_{i+1}-Konvexität von $W_{i+1}(\cdot\mid c,z)$, indem wir die rechte Seite von (2.25) für die folgenden vier Fälle auswerten:

Fall 1: $x \in \,]s_{i+1}(c,z) + b, \infty[$
Für solche x gilt nach (2.18):

$$f_{[i+1,n]}(c,x,z) = -c \cdot x + W_{i+1}(x \mid c,z) \quad ,$$

d. h. für solche x ist $f_{[i+1,n]}(c,\cdot,z)$ die Summe aus der in x linearen und daher auf $\mathbb{R}$ 0-konvexen Funktion

$$g_1 : \mathbb{R} \to \mathbb{R} \text{ mit } x \longmapsto g_1(x) := -c \cdot x$$

und der auf $\mathbb{R}$ in x nach Voraussetzung k_i-konvexen Funktion:

$$g_2 : \mathbb{R} \to \mathbb{R} \text{ mit } x \longmapsto g_2(x) := W_{i+1}(x \mid c,z) \quad .$$

Nach Hilfssatz 4, Teil 3 ist damit $f_{[i+1,n]}(c,\cdot,z)$ auf $\mathbb{R}$ eine in x $(1 \cdot 0 + 1 \cdot k_1)$-konvexe, d. h. eine k_1-konvexe Funktion.

Fall 2: $x \in \,]s_{i+1}(c,z), s_{i+1}(c,z) + b[$
Für solche x gilt nach (2.25):

$$\begin{aligned}
& k_{i+1} + f_{[i+1,n]}(c,x+a,z) - f_{[i+1,n]}(c,x,z) \\
& - \tfrac{a}{b} \cdot \left\{ f_{[i+1,n]}(c,x,z) - f_{[i+1,n]}(c,x-b,z) \right\} \\
& = k_{i+1} - c \cdot (x+a) + W_{i+1}(x+a \mid c,z) + c \cdot x - W_{i+1}(x \mid c,z) \\
& - \tfrac{a}{b} \cdot \left\{ -c \cdot x + W_{i+1}(x \mid c,z) - \left[k_{i+1} - c \cdot (x-b) + W_{i+1}(S_{i+1}(c,z) \mid c,z) \right] \right\} \\
& = k_{i+1} + W_{i+1}(x+a \mid c,z) - W_{i+1}(x \mid c,z) \\
& - \tfrac{a}{b} \left\{ W_{i+1}(x \mid c,z) - \left[k_{i+1} + W_{i+1}(S_{i+1}(c,z) \mid c,z) \right] \right\} \\
& \geq k_{i+1} + W_{i+1}(x+a \mid c,z) - W_{i+1}(x \mid c,z) \\
& - \tfrac{a}{b} \left\{ W_{i+1}(x \mid c,z) - W_{i+1}(s_{i+1}(c,z) \mid c,z) \right\} =: A_{i+1}(x \mid c,z) \quad .
\end{aligned} \tag{2.26}$$

Wir setzen nun:

$$(2.27)\quad A^*_{i+1}(x \mid c,z) := k_{i+1} + W_{i+1}(x+a \mid c,z) - W_{i+1}(x \mid c,z) - \frac{a}{x - s_{i+1}(c,z)} \cdot \left\{ W_{i+1}(x \mid c,z) - W_{i+1}(s(c,z) \mid c,z) \right\}.$$

Für die betrachteten x muß nun gelten:

$$(2.28)\quad k_{i+1} + W_{i+1}(x+a \mid c,z) - W_{i+1}(x \mid c,z) \geq 0 ,$$

da es sich andernfalls lohnen würde, bei einem Lagerbestand von x Einheiten η = a Einheiten zu bestellen - so daß nach Eintreffen dieser Bestellung x + a Einheiten am Lager vorhanden wären -, aber dies wird ja durch die $(s_{i+1}(c,z), S_{i+1}(c,z))$-Politik ausgeschlossen. Ist nun

$$(2.29)\quad W_{i+1}(x \mid c,z) - W_{i+1}(s_{i+1}(c,z) \mid c,z) \leq 0 ,$$

so folgt aus (2.19) sofort $A_{i+1}(x \mid c,z) \geq 0$. Wegen $x \in]s_{i+1}(c,z), s_{i+1}(c,z) + b[$ ist aber auch

$$x - s_{i+1}(c,z) > 0 ,$$

und daher folgt unter der Bedingung (2.28) auch $A^*_{i+1}(x \mid c,z) \geq 0$.

Würde nun gelten:

$$(2.30)\quad W_{i+1}(x \mid c,z) - W_{i+1}(s(c,z) \mid c,z) \geq 0 ,$$

was möglich wäre für ein x mit $x \in]S_{i+1}(c,z), \infty[$, so würde, da wegen $x \in]s_{i+1}(c,z), s_{i+1}(c,z) + b[$ auch $x < s_{i+1}(c,z) + b$ also $x - s_{i+1}(c,z) < b$ gelten würde, aus (2.26) und (2.27) folgen: $A^*_{i+1}(x \mid c,z) \leq A_{i+1}(x \mid c,z)$. Gilt also $A^*_{i+1}(x \mid c,z) \geq 0$, so muß auf jeden Fall auch $A_{i+1}(x \mid c,z) \geq 0$ für alle $a,b \in \mathbb{R}_{(\geq 0)}$ und alle hier betrachteten x gelten.

Nun ist aber nach Voraussetzung $W_{i+1}(\cdot|c,z)$ als Funktion von x auf $\mathbb{R}$ k_{i+1}-konvex und aus der Definition der k_{i+1}-Konvexität folgt - man setze das in Def. 2 auftretende $b := x - s_{i+1}(c,z)$ - unmittelbar $A^*_{i+1}(x \mid c,z) \geq 0$. Mithin ist $f_{[i+1,n]}(c,\cdot,z)$ als Funktion von x für die hier zu betrachtenden x k_{i+1}-konvex.

Fall 3: $x \in]s_{i+1}(c,z) - a, s_{i+1}(c,z)[$
Für solche x gilt nach (2.25):

$$k_{i+1} + f_{[i+1,n]}(c,x+a,z) - f_{[i+1,n]}(c,x,z)$$

$$- \frac{a}{b}\left\{f_{[i+1,n]}(c,x,z) - f_{[i+1,n]}(c,x-b,z)\right\}$$

$$= k_{i+1} - c\cdot(x+a) + W_{i+1}(x+a \mid c,z) - \left[-c\cdot x+k_{i+1} + W_{i+1}(S_{i+1}(c,z) \mid c,z)\right]$$

$$- \frac{a}{b}\left\{-c\cdot x+k_{i+1}+W_{i+1}(S_{i+1}(c,z)|c,z)-\left[-c\cdot(x-b)+k_{i+1}+W_{i+1}(S_{i+1}(c,z)|c,z)\right]\right\}$$

$$= W_{i+1}(x+a \mid c,z) - W_{i+1}(S_{i+1}(c,z) \mid c,z) \geq 0 \ ,$$

da $W_{i+1}(\cdot|c,z)$ als Funktion von x an der Stelle $x := S_{i+1}(c,z)$ ihr absolutes Minimum annimmt. Mithin ist auch für diese x das $f_{[i+1,n]}(c,\cdot,z)$ als Funktion von x eine k_{i+1}-konvexe Funktion.

Fall 4: $x \in]-\infty, s_{i+1}(c,z) - a[$
Nach (2.25) gilt hier:

$$f_{[i+1,n]}(c,x,z) = -c\cdot x + k_{i+1} + W_{i+1}(S_{i+1}(c,z) \mid c,z) \quad ,$$

d. h. $f_{[i+1,n]}(c,\cdot,z)$ ist in diesem Intervall eine in x lineare und daher auch k_{i+1}-konvexe Funktion. Somit ist für bel. $(c,z) \in \mathbb{R}_{(\geq 0)} \times \mathbb{R}_{(\geq 0)}$ $f_{[i+1,n]}(c,\cdot,z)$ eine auf $\mathbb{R}$ in x k_{i+1}-konvexe Funktion.

Nach Hilfssatz 3, Teil 2, ist dann auch

$$f_{[i+1,n]}(c,y+a,z)$$

für alle $a \in \mathbb{R}$ und alle $(c,z) \in \mathbb{R}_{(\geq 0)} \times \mathbb{R}_{(\geq 0)}$ eine auf $\mathbb{R}$ in y k_{i+1}-konvexe Funktion. Setzt man speziell a:= -z, so folgt also, daß

$$f_{[i+1,n]}(c,y-z,z)$$

für alle $(c,z) \in \mathbb{R}_{(\geq 0)} \times \mathbb{R}_{(\geq 0)}$ eine auf $\mathbb{R}$ in x k_{i+1}-konvexe Funktion ist. Da nach Hilfssatz 4, Teil 3, - siehe hierzu auch die Bemerkungen im Anschluß an Hilfssatz 4 - die k_{i+1}-Konvexität erhalten bleibt bei der Bildung von nichtnegativen Linearkombinationen von k_{i+1}-konvexen Funktionen mit Gewichten, welche sich zu Eins aufsummieren (aufintegrieren), erhält man, daß

$$\tilde{f}_{[i+1,n]}(c_i,y,z_{i-1}) := \int_0^\infty \int_0^\infty f_{[i+1,n]}(c,y-z,z)dG_{i+1}(c|z,c_i)dF_i(z|c_i,z_{i-1})$$

eine für alle $(c_i,z_{i-1}) \in \mathbb{R}_{(\geq 0)} \times \mathbb{R}_{(\geq 0)}$ auf $\mathbb{R}$ in y k_{i+1}-konvexe Funktion ist.

Nach (2.18) gilt:

$$W_i(y \mid c_i,z_{i-1}) = V_i(y|c_i,z_{i-1})$$

$$+ \alpha_i \cdot \int_0^\infty \int_0^\infty f_{[i+1,n]}(c,y-z,z)dG_{i+1}(c \mid z,c_i)dF_i(z \mid c_i,z_{i-1})$$

$$= V_i(y \mid c_i,z_{i-1}) \qquad + \alpha_i \cdot \tilde{f}_{[i+1,n]}(c_i,y,z_{i-1}) \ .$$

Für alle $(c_i,z_{i-1}) \in \mathbb{R}_{(\geq 0)} \times \mathbb{R}_{(\geq 0)}$ gilt also

(2.31) $\quad W_i(\cdot|c_i,z_i) = 1 \cdot g_1 + \alpha_i \cdot g_2$,

wobei

$$g_1 : \mathbb{R} \to \mathbb{R} \text{ mit } y \longmapsto g_1(y) := V_i(y|c_i,z_{i-1})$$

eine für alle $(c_i, z_{i-1}) \in \mathbb{R}_{(\geq o)} \times \mathbb{R}_{(\geq o)}$ in y auf $\mathbb{R}$ 0-konvexe Funktion und

$$g_2 : \mathbb{R} \to \mathbb{R} \text{ mit } y \longmapsto g_2(y) := f_{[i+1,n]}(c_i, y, z_{i-1})$$

eine für alle $(c_i, z_{i-1}) \in \mathbb{R}_{(\geq o)} \times \mathbb{R}_{(\geq o)}$ in y auf $\mathbb{R}$ k_{i+1}-konvexe Funktion ist.

Nach Hilfssatz 4, Teil 3, ist somit für alle $(c_i, z_{i-1}) \in \mathbb{R}_{(\geq o)} \times \mathbb{R}_{(\geq o)}$ $W_i(\cdot | c_i, z_{i-1})$ eine in y auf $\mathbb{R}$ $(1 \cdot 0 + \alpha_i \cdot k_{i+1})$-konvexe Funktion, und wegen unserer Voraussetzung $\alpha_i \cdot k_{i+1} \leq k_i$ damit auch eine in y auf $\mathbb{R}$ k_i-konvexe Funktion.

Damit ist der Induktionsnachweis erbracht, d. h. wir haben sukzessive nachgewiesen, daß

$$W_n(\cdot | c_n, z_{n-1}), \ldots, W_{i+1}(\cdot | c_{i+1}, z_i), W_i(\cdot | c_i, z_{i-1}), \ldots, W_1(\cdot | c_1, z_o)$$

für alle

$$(c_n, z_{n-1}) \in \mathbb{R}_{(\geq o)} \times \mathbb{R}_{(\geq o)}, \ldots, (c_{i+1}, z_i) \in \mathbb{R}_{(\geq o)} \times \mathbb{R}_{(\geq o)},$$

$$(c_i, z_{i-1}) \in \mathbb{R}_{(\geq o)} \times \mathbb{R}_{(\geq o)}, \ldots, (c_1, z_o) \in \mathbb{R}_{(\geq o)} \times \mathbb{R}_{(\geq o)}$$

in y auf $\mathbb{R}$

$$k_n\text{-konvex}, \ldots, k_{i+1}\text{-konvex}, k_i\text{-konvex}, \ldots, k_1\text{-konvex}$$

sind.

Neben der k_i-Konvexität benötigen wir für den Nachweis der Optimalität einer $(s, \bar{S})$-Bestellpolitik, daß die Funktionen $W_i(\cdot | c_i, z_{i-1})$ das durch

$$\lim_{|y_i| \to \infty} W_i(y_i | c_i, z_{i-1}) = \infty$$

charakterisierende Grenzverhalten aufweisen, $i \in \{1,2,\ldots,n\}$.

Unter den gemachten Voraussetzungen, insbesondere der unter 4. formulierten Voraussetzung

(2.32) $$\lim_{|y_i| \to \infty} V_i(y_i \mid c_i, z_{i-1}) = \infty \quad , \quad \forall\, i \in \{1,2,\ldots,n\}$$

läßt sich dieser Nachweis leicht führen.

Hilfssatz 6:
Sind die Voraussetzungen 1. - 4. erfüllt, so gelten für die Funktionen

$$W_i : \mathbb{R} \to \mathbb{R} \text{ mit } y_i \longmapsto W_i(y_i \mid c_i, z_{i-1}) \; ,$$

wobei

(2.33) $$W_i(y_i \mid c_i, z_{i-1}) := V_i(y_i \mid c_i, z_{i-1})$$

$$+\alpha_i \cdot \int_0^\infty \int_0^\infty f_{[i+1,n]}(c_{i+1}, y_i - z_i, z_i)\, dG_{i+1}(c_{i+1} \mid z_i, c_i)\, dF_i(z_i \mid c_i, z_{i-1})$$

ist, die Grenzbeziehungen:

(2.34) $$\lim_{|y_i| \to \infty} W_i(y_i \mid c_i, z_{i-1}) = \infty \; ,$$

$i \in \{1,2,\ldots,n\}$.

Beweis:
Aufgrund der Definitionsgleichung (2.33), der Grenzwertbeziehungen

$$\lim_{|y_i| \to \infty} V_i(y_i \mid c_i, z_{i-1}) = \infty \quad , \quad \forall\, i \in \{1,2,\ldots,n\}$$

sowie unserer Voraussetzung

$$0 < \alpha_i \leq 1 \quad , \quad \forall\, i \in \{1,2,\ldots,n\}$$

ist der Nachweis von (2.34) erbracht, wenn man zeigen kann, daß für $\forall\, i \in \{1,2,\ldots,n\}$ gilt:

(2.35) $$f_{[i+1,n]}(c_{i+1},x_{i+1},z_i) \geq 0 \ , \ \forall (c_{i+1},x_{i+1},z_i) \in \mathbb{R}_{(\geq 0)} \times \mathbb{R} \times \mathbb{R}_{(\geq 0)}.$$

Den Nachweis von (2.35) führen wir durch vollständige Induktion.

1. Induktionsverankerung:
   Für $i := n$ gilt wegen

$$f_{[n+1,n]}(c_{n+1},x_{n+1},c_n) := 0$$

   jedenfalls

$$f_{[n+1,n]}(c_{n+1},x_{n+1},c_n) \geq 0 \ , \ \forall (c_{n+1},x_{n+1},z_n) \in \mathbb{R}_{(\geq 0)} \times \mathbb{R} \times \mathbb{R}_{(\geq 0)} \ .$$

2. Induktionsschluß:
   Es gelte

$$f_{[i+1,n]}(c_{i+1},x_{i+1},z_i) \geq 0 \ , \ \forall (c_{i+1},x_{i+1},z_i) \in \mathbb{R}_{(\geq 0)} \times \mathbb{R} \times \mathbb{R}_{(\geq 0)} \ .$$

   Nach (2.12), (2.14) und (2.16) gilt nun:

$$f_{[i,n]}(c_i,x_i,z_{i-1}) = \inf_{\eta_i \geq 0} \{-c_i \cdot x_i + k_i \cdot \delta(\eta_i) + W_i(x_i+\eta_i | c_i, z_{i-1})\}$$

$$= \inf_{\eta_i \geq 0} \{-c_i \cdot x_i + k_i \cdot \delta(\eta_i) + V_i(x_i+\eta_i | c_i, z_{i-1})$$

$$+ \alpha_i \cdot \int_0^\infty \int_0^\infty f_{[i+1,n]}(c_{i+1}, x_i+\eta_i-z_i, z_i) dG_{i+1}(c_{i+1} | z_i, c_i) dF_i(z_i | c_i, z_{i-1})\}$$

$$= \inf_{\eta_i \geq 0} \{-c_i \cdot x_i + k_i \cdot \delta(\eta_i) + c_i \cdot (x_i+\eta_i) + L_i(x_i+\eta_i | c_i, z_{i-1})$$

$$+ \alpha_i \cdot \int_0^\infty \int_0^\infty f_{[i+1,n]}(c_{i+1}, x_i+\eta_i-z_i, z_i) dG_{i+1}(c_{i+1} | z_i, c_i) dF_i(z_i | c_i, z_{i-1})\}$$

$$= \inf_{\eta_i \geq 0} \{c_i \cdot \eta_i + k_i \cdot \delta(\eta_i) + L_i(x_i+\eta_i | c_i, z_{i-1})$$

$$+ \alpha_i \cdot \int_0^\infty \int_0^\infty f_{[i+1,n]}(c_{i+1}, x_i+\eta_i-z_i, z_i) dG_{i+1}(c_{i+1} | z_i, c_i) dF_i(z_i | c_i, z_{i-1})\}$$

Da die einzelnen rechts in der geschweiften Klammer stehenden Terme entweder bereits aufgrund ihrer Definition oder aufgrund der Induktionsvoraussetzung für $\forall \eta_i \geq 0$ und $\forall (c_i, x_i, z_{i-1}) \in \mathbb{R}_{(\geq 0)} \times \mathbb{R} \times \mathbb{R}_{(\geq 0)}$ nichtnegativ sind, gilt dasselbe auch für den gesamten in der geschweiften Klammer stehenden Ausdruck und damit auch für das Infimum dieses Ausdrucks bezüglich $\eta_i \in \mathbb{R}_{(\geq 0)}$. Somit gilt also

$$f_{[i,n]}(c_i, x_i, z_{i-1}) \geq 0 \ , \quad \forall (c_i, x_i, z_{i-1}) \in \mathbb{R}_{(\geq 0)} \times \mathbb{R} \times \mathbb{R}_{(\geq 0)} \ ,$$

w.z.b.w. Aufgrund der Vorbemerkung ist damit unser Hilfssatz bewiesen.

Hilfssatz 7:

Die Funktionen W_j, $j \in \{1,2,\ldots,n\}$ haben die folgenden Eigenschaften:

a) W_j streng antiton (monoton fallend) im Intervall $]-\infty, s_j(c_j, z_{j-1})[$.

b) $W_j(y \mid c_j, z_{j-1}) \leq W_j(s_j(c_j, z_{j-1}) \mid c_j, z_{j-1})$ für $s_j(c_j, z_{j-1}) \leq y \leq S_j(c_j, z_{j-1})$

c) $W_j(y \mid c_j, z_{j-1}) \leq W_j(\hat{y} \mid c_j, z_{j-1}) + k_j$ für $S_j(c_j, z_{j-1}) \leq y \leq \hat{y}$.

Beweis:

Es sei $j \in \{1,2,\ldots,n\}$. Aufgrund der k_j-Konvexität von $W_j(\cdot \mid c_j, z_{j-1})$ gilt für alle $y \in \mathbb{R}$ und alle $a, b \in \mathbb{R}_{(>0)}$:

$$k_j + W_j(a+y \mid c_j, z_{j-1}) - W_j(y \mid c_j, z_{j-1}) - \frac{a}{b}\left\{W_j(y \mid c_j, z_{j-1}) - W_j(y-b \mid c_j, z_{j-1})\right\} \geq 0$$

oder

$$k_j + W_j(a+y \mid c_j, z_{j-1}) - W_j(y \mid c_j, z_{j-1}) \geq \frac{a}{b} \cdot \left\{W_j(y \mid c_j, z_{j-1}) - W_j(y-b \mid c_j, z_{j-1})\right\} . \tag{2.36}$$

Ferner gilt nach Def. von $S_j(c_j, z_{j-1})$:

(2.37) $$W_j(S_j(c_j,z_{j-1}) \mid c_j,z_{j-1}) = \min_{y \in \mathbb{R}} \{W_j(y \mid c_j,z_{j-1})\}$$

sowie

(2.38) $$W_j(s_j(c_j,z_{j-1}) \mid c_j,z_{j-1}) = W_j(S_j(c_j,z_{j-1}) \mid c_j,z_{j-1}) + k_j$$

und $s_j(c_j,z_{j-1})$ ist das kleinste $y \in]-\infty, S_j(c_j,z_{j-1})]$ mit der Eigenschaft

(2.39) $$W_j(y \mid c_j,z_{j-1}) \leq W_j(S_j(c_j,z_{j-1}) \mid c_j,z_{j-1}) + k_j \ ,$$

d. h. für alle $y \in]-\infty, s_j(c_j,z_{j-1})[$ gilt
$W_j(y \mid c_j,z_{j-1}) > W_j(S_j(c_j,z_{j-1}) \mid c_j,z_{j-1}) + k_j$.

a) Es sei $y_2 < y_1 < s_j(c_j,z_{j-1})$.

In (2.36) setze man:

$$y := y_1 \ ; \ a + y = a + y_1 := S_j(c_j,z_{j-1}) \ ; \ y - b = y_1 - b := y_2$$

also

$$y := y_1 \ ; \ a := S_j(c_j,z_{j-1}) - y_1 \ ; \ b = y_1 - y_2 \ .$$

Damit geht (2.36) über in:

(2.4o) $$k_j + W_j(S_j(c_j,z_{j-1}) \mid c_j,z_{j-1}) - W_j(y_1 \mid c_j,z_{j-1})$$
$$\geq \frac{S_j(c_j,z_{j-1}) - y_1}{y_1 - y_2} \cdot \{W_j(y_1 \mid c_j,z_{j-1}) - W_j(y_2 \mid c_j,z_{j-1})\} \ .$$

Wegen (2.39) gilt für $\forall\, y_1 \in]-\infty, s_j(c_j,z_{j-1})[$:

(2.41) $$k_j + W_j(S_j(c_j,z_{j-1}) \mid c_j,z_{j-1}) - W_j(y_1 \mid c_j,z_{j-1}) < 0 \ .$$

Aus (2.4o) und (2.41) folgt damit

$$0 > \frac{S_j(c_j,z_{j-1}) - y_1}{y_1 - y_2} \cdot \{W_j(y_1 \mid c_j,z_{j-1}) - W_j(y_2 \mid c_j,z_{j-1})\} \ ,$$

also wegen $S_j(c_j,z_{j-1}) - y_1 > 0$ und $y_1 - y_2 > 0$:

$$W_j(y_1 \mid c_j,z_{j-1}) - W_j(y_2 \mid c_j,z_{j-1}) < 0 \quad ,$$

d. h. die strenge Antitonie von $W_j(\cdot \mid c_j,z_j)$ im Intervall $]-\infty, s_j(c_j,z_{j-1})]$.

b) Für $y := s_j(c_j,z_{j-1})$ oder $y := S_j(c_j,z_{j-1})$ ist Behauptung sicher richtig - im letzteren Falle wegen (2.37).

Es sei also $s_j(c_j,z_{j-1}) < y < S_j(c_j,z_{j-1})$.

In (2.36) setze man

$$a + y := S_j(c_j,z_{j-1}) \; ; \; y - b := s_j(c_j,z_{j-1})$$

also

$$a := S_j(c_j,z_{j-1}) - y \; ; \; b := y - s_j(c_j,z_{j-1}) \; .$$

Damit geht (2.36) über in:

$$k_j + W_j(S_j(c_j,z_{j-1}) \mid c_j,z_{j-1}) - W_j(y \mid c_j,z_{j-1})$$

$$\geq \frac{S_j(c_j,z_{j-1})-y}{y-s_j(c_j,z_{j-1})} \cdot \left\{W_j(y \mid c_j,z_{j-1}) - W_j(s_j(c_j,z_{j-1}) \mid c_j,z_{j-1})\right\}$$

oder also wegen (2.38) in:

(2.42) $$W_j(s_j(c_j,z_{j-1}) \mid c_j,z_{j-1}) - W_j(y \mid c_j,z_{j-1})$$

$$\geq \frac{S_j(c_j,z_{j-1})-y}{y-s_j(c_j,z_{j-1})} \cdot \left\{W_j(y \mid c_j,z_{j-1}) - W_j(s_j(c_j,z_{j-1}) \mid c_j,z_{j-1})\right\} .$$

Angenommen es wäre

(2.43) $W_j(y \mid c_j, z_{j-1}) - W_j(s_j(c_j, z_{j-1}) \mid c_j, z_{j-1}) > 0$.

Aus (2.42) würde dann folgen:

$$W_j(s_j(c_j, z_{j-1}) \mid c_j, z_{j-1}) - W_j(y \mid c_j, z_{j-1}) \geq 0$$

also

$$W_j(y \mid c_j, z_{j-1}) - W_j(s_j(c_j, z_{j-1}) \mid c_j, z_{j-1}) \leq 0$$

im Widerspruch zu (2.43).

Somit gilt für $\forall\, y \in [s_j(c_j, z_{j-1}), S_j(c_j, z_{j-1})]$:

$$W_j(y \mid c_j, z_{j-1}) \leq W_j(s_j(c_j, z_{j-1}) \mid c_j, z_{j-1}) .$$

c) Für $y := S_j(c_j, z_{j-1})$ bzw. $y := \hat{y}$ ist die Behauptung sicher richtig - im ersten Falle wegen (2.37). Es sei also $S_j(c_j, z_{j-1}) < y < \hat{y}$.

In (2.36) setze man:

$$a + y := \hat{y} \quad ; \quad y - b := S_j(c_j, z_{j-1}) \quad ,$$

also

$$a := \hat{y} - y \quad ; \quad b := y - S_j(c_j, z_{j-1}) \quad .$$

Damit geht (2.36) über in:

(2.44) $k_j + W_j(\hat{y} \mid c_j, z_{j-1}) - W_j(y \mid c_j, z_{j-1})$

$$\geq \frac{\hat{y} - y}{y - S_j(c_j, z_{j-1})} \cdot \left\{ W_j(y \mid c_j, z_{j-1}) - W_j(S_j(c_j, z_{j-1}) \mid c_j, z_{j-1}) \right\} .$$

Wegen (2.37) gilt aber für $\forall\, y \in \mathbb{R}$:

(2.45) $W_j(y \mid c_j, z_{j-1}) - W_j(S_j(c_j, z_{j-1}) \mid c_j, z_{j-1}) \geq 0$

und aus (2.42) und (2.44) folgt somit, daß für
$\forall\, y \in [\, S_j(c_j, z_{j-1}), \hat{y}\,]$ gilt:

$$k_j + W_j(\hat{y} \mid c_j, z_{j-1}) - W_j(y \mid c_j, z_{j-1}) \geq 0$$

d. h.

$$W_j(y \mid c_j, z_{j-1}) \leq W_j(\hat{y} \mid c_j, z_{j-1}) + k_j \quad ,$$

was zu beweisen war.

Hilfssatz 8:
Für beliebige aber feste $(c_i, z_{i-1}) \in \mathbb{R}_{(\geq 0)} \times \mathbb{R}_{(\geq 0)}$ sind die $W_i(\cdot \mid c_i, z_{i-1})$ als Funktionen von y_i auf $\mathbb{R}$ stetig.

Beweis:
Den Beweis von Hilfssatz 8 führen wir durch vollständige Induktion, wobei wir auf die Definitionsgleichung

$$(2.46)\quad W_i(y_i \mid c_i, z_{i-1}) = V_i(y_i \mid c_i, z_{i-1}) + \alpha_i \cdot E\left[f_{[i+1,n]}(C_{i+1}, y_i - Z_i, Z_i) \mid C_i = c_i, Z_{i-1} = z_{i-1} \right]$$

sowie die Rekursionsgleichung

$$(2.47)\quad f_{[i,n]}(c_i, x_i, z_{i-1}) = -c_i \cdot x_i + \inf_{\eta_i \geq 0} \left\{ k_i \cdot \delta(\eta_i) + W_i(x_i + \eta_i \mid c_i, z_{i-1}) \right\} ,$$

$i \in \{1, 2, \ldots, n\}$, welche unter Berücksichtigung der Anfangsbedingung

$$(2.48)\quad f_{[n+1,n]}(c_{n+1}, x_{n+1}, z_n) := 0$$

zu lösen ist, zurückgreifen.

1. Induktionsverankerung:
   Ist $i := n$, so erhalten wir aus (2.46) wegen der Anfangsbedingung (2.48):

$$(2.49)\quad W_n(y_n|c_n,z_{n-1}) = V_n(y_n|c_n,z_{n-1}) .$$

Nach Voraussetzung 3. und Hilfssatz 1 ist für beliebige aber feste $(c_n,z_{n-1}) \in \mathbb{R}_{(\geq 0)} \times \mathbb{R}_{(\geq 0)}$ $V_n(\cdot|c_n,z_{n-1})$ als Funktion von y_n auf $\mathbb{R}$ stetig und wegen (2.49) gilt somit dasselbe für $W_n(\cdot|c_n,z_{n-1})$ als Funktion von y_n auf $\mathbb{R}$.

2. Induktionsschluß:
   Wir nehmen an, die Behauptung sei für $i:= j+1$ richtig, d. h. für alle $(c_{j+1},z_j) \in \mathbb{R}_{(\geq 0)} \times \mathbb{R}_{(\geq 0)}$ sei $W_{j+1}(\cdot|c_{j+1},z_j)$ als Funktion von y_{j+1} auf $\mathbb{R}$ stetig. Nach Satz 1 - angewandt auf die (j+1)-te Periode - muß dann in der (j+1)-ten Periode eine optimale durch $(s_{j+1}(c_{j+1},z_j),S_{j+1}(c_{j+1},z_j))$ charakterisierte Politik vom (s,S)-Typ existieren, aus der Funktionalgleichung (2.47) für $i:= j+1$ folgt also

$$(2.50)\quad f_{[j+1,n]}(c_{j+1},x_{j+1},z_j) = \begin{cases} -c_{j+1}\cdot x_{j+1}+k_{j+1}+W_{j+1}(S_{j+1}(c_{j+1},z_j)|c_{j+1},z_j) \\ \qquad \text{falls } x_{j+1} < s_{j+1}(c_{j+1},z_j) \\ -c_{j+1}\cdot x_{j+1} \qquad +W_{j+1}(x_{j+1}|c_{j+1},z_j), \\ \qquad \text{falls } x_{j+1} \geq s_{j+1}(c_{j+1},z_j) \end{cases}$$

ist. Da nach Voraussetzung für alle $(c_{j+1},z_j) \in \mathbb{R}_{(\geq 0)} \times \mathbb{R}_{(\geq 0)}$ $W_{j+1}(\cdot|c_{j+1},z_j)$ als Funktion von y_{j+1} auf $\mathbb{R}$ stetig ist und nach der Definition von $s_{j+1}(c_{j+1},z_j)$, siehe (2.38), gilt:

$$W_{j+1}(s_{j+1}(c_{j+1},z_j)|c_{j+1},z_j) = W_{j+1}(S_{j+1}(c_{j+1},z_j)|c_{j+1},z_j)+k_{j+1} ,$$

ist nach (2.50) für alle $(c_{j+1},z_j) \in \mathbb{R}_{(\geq 0)} \times \mathbb{R}_{(\geq 0)}$ $f_{[j+1,n]}(c_{j+1},\cdot,z_j)$ als Funktion von x_{j+1} auf $\mathbb{R}$ stetig

Nun gilt nach (2.46):

(2.51) $$W_j(y_j|c_j,z_{j-1}) = V_j(y_j|c_j,z_{j-1}) + \alpha_j \cdot E\left[f_{[j+1,n]}(C_{j+1},y_j-Z_j,Z_j)|C_j=c_j,Z_{j-1}=z_{j-1}\right] .$$

Da nach Voraussetzung 3. und Hilfssatz 1 für alle $(c_j,z_{j-1}) \in \mathbb{R}_{(\geq 0)} \times \mathbb{R}_{(\geq 0)}$ $V_j(\cdot|c_j,z_{j-1})$ als Funktion von y_j auf $\mathbb{R}$ stetig ist, haben wir den Nachweis erbracht, wenn wir zeigen können, daß für alle $(c_j,z_{j-1}) \in \mathbb{R}_{(\geq 0)} \times \mathbb{R}_{(\geq 0)}$ die durch

$$H_{j+1}: \mathbb{R} \to \mathbb{R} \text{ mit } \quad y_j \longmapsto H_{j+1}(y_j|c_j,z_{j-1}) ,$$

und

(2.52) $$H_{j+1}(y_j|c_j,z_{j-1}) := E\left[f_{[j+1,n]}(C_{j+1},y_j-Z_j,Z_j)|C_j=c_j,Z_{j-1}=z_{j-1}\right]$$

definierte Funktion von y_j auf jedem endlichen Intervall $[c,d]$ stetig ist. Wegen der Stetigkeit von

(2.53) $$g_j: \mathbb{R} \to \mathbb{R} \text{ mit } \quad y_j \longmapsto g_j(y_j,z_j) := y_j-z_j$$

als Funktion von y_j auf $\mathbb{R}$ sowie der vorhin bewiesenen Stetigkeit von $f_{[j+1,n]}(c_{j+1},\cdot,z_j)$ als Funktion von x_{j+1} auf $\mathbb{R}$ sind für alle $(c_{j+1},z_j) \in \mathbb{R}_{(\geq 0)} \times \mathbb{R}_{(\geq 0)}$ die verkettete Funktion

$f_{[j+1,n]}(c_{j+1},g_j(\cdot,z_j),z_j)$

ebenso wie die Funktion

(2.54) $$w_{j+1}(c_{j+1},g_j(\cdot,z_j),z_j) := f_{[j+1,n]}(c_{j+1},g_j(\cdot,z_j),z_j)+c_{j+1}\cdot g_j(\cdot,z_j)$$

als Funktionen von y_j auf $\mathbb{R}$ stetig. Wegen (2.53) und (2.54) gilt nun:

$$(2.55)\quad E\left[w_{j+1}(C_{j+1},y_j-Z_j,Z_j)\mid C_j=c_j,Z_{j-1}=z_{j-1}\right]$$

$$= E\left[f_{[i+1,n]}(C_{j+1},y-Z_j,Z_j)\mid C_j=c_j,Z_{j-1}=z_{j-1}\right]$$

$$+E\left[C_{j+1}\cdot(y_j-Z_j)\mid C_j=c_j,Z_{j-1}=z_{j-1}\right]$$

$$= H_{j+1}(y_j\mid c_j,z_{j-1})+y_j\cdot E\left[C_{j+1}\mid C_j=c_j,Z_{j-1}=z_{j-1}\right]$$

$$-E\left[C_{j+1}\cdot Z_j\mid C_j=c_j,Z_{j-1}=z_{j-1}\right]$$

$$= H_{j+1}(y_j\mid c_j,z_{j-1})+h_{j+1}(y_j\mid c_j,z_{j-1})\ ,$$

wobei

$$(2.56)\quad h_{j+1}(y_j\mid c_j,z_{j-1}):= y_j\cdot E\left[C_{j+1}\mid C_j=c_j,Z_{j-1}=z_{j-1}\right]$$

$$-\ E\left[C_{j+1}\cdot Z_j\mid C_j=c_j,Z_{j-1}=z_{j-1}\right]$$

gesetzt wurde. Für alle $(c_j,z_{j-1})\in \mathbb{R}_{(\geq 0)}\times \mathbb{R}_{(\geq 0)}$ ist nun $h_{j+1}(\cdot\mid c_j,z_{j-1})$ nach (2.56) als Funktion von y_j offenbar auf $\mathbb{R}$ stetig, und wegen (2.55) ist für alle $(c_j,z_{j-1})\in \mathbb{R}_{(\geq 0)}\times \mathbb{R}_{(\geq 0)}$ auch $H_{j+1}(\cdot\mid c_j,z_{j-1})$ als Funktion von y_j auf jedem endlichen Intervall $[c,d]$ stetig, wenn wir zeigen können, daß für alle $(c_j,z_{j-1})\in \mathbb{R}_{(\geq 0)}\times \mathbb{R}_{(\geq 0)}$ die durch

$$I_{j+1}: \mathbb{R}\rightarrow\mathbb{R} \text{ mit } \quad y_j \longmapsto I_{j+1}(y_j\mid c_j,z_{j-1})$$

und

$$(2.57)\quad I_{j+1}(y_j\mid c_j,z_{j-1}):=$$

$$E\left[w_{j+1}(C_{j+1},y_j-Z_j,Z_j)\mid C_j=c_j,Z_{j-1}=z_{j-1}\right]$$

definierte Funktion von y_j auf jedem endlichen Intervall $[c,d]$ stetig ist. Dies können wir nun aber beweisen mittels des

Konvergenzsatzes von Lebesque (Satz von der majorisierten Konvergenz) für bedingte Erwartungswerte [3] . Nach dem zitierten Satz ist für beliebige aber feste $(c_j, z_{j-1}) \in \mathbb{R}_{(\geq o)} \times \mathbb{R}_{(\geq o)}$ $I_{j+1}(\cdot \mid c_j, z_{j-1})$ als Funktion von y_j auf $[c,d]$ stetig, wenn nachgewiesen werden kann, daß Funktionen $w_{j+1}^{(u)}(\cdot,\cdot)$ und $w_{j+1}^{(o)}(\cdot,\cdot)$ der Variablen c_{j+1}, z_j existieren mit

$$w_{j+1}^{(u)}(c_{j+1}, z_j) \leq w_{j+1}(c_{j+1}, y_j - z_j, z_j) \leq w_{j+1}^{(o)}(c_{j+1}, z_j) \quad ,$$

$$\forall (c_{j+1}, z_j, y_j) \in \mathbb{R}_{(\geq o)} \times \mathbb{R}_{(\geq o)} \times [c,d]$$

und

(2.58) $E\left[w_{j+1}^{(u)}(C_{j+1}, Z_j) \mid C_j = c_j, Z_{j-1} = z_{j-1}\right] < \infty$

sowie

(2.59) $E\left[w_{j+1}^{(o)}(C_{j+1}, Z_j) \mid C_j = c_j, Z_{j-1} = z_{j-1}\right] < \infty$.

Wir zeigen nun, daß eine Zahl $K \in \mathbb{R}$ existiert, so daß für alle $(c_{j+1}, z_j, y_j) \in \mathbb{R}_{(\geq o)} \times \mathbb{R}_{(\geq o)} \times [c,d]$ gilt:

(2.6o) $W_{j+1}(S_{j+1}(c_{j+1}, z_j) \mid c_{j+1}, z_j)$

$$\leq w_{j+1}(c_{j+1}, y_j - z_j, z_j) \leq W_{j+1}(K \mid c_{j+1}, z_j) + k_{j+1} \quad ,$$

woraus die behaupteten Schranken zu

(2.61) $w_{j+1}^{(u)}(c_{j+1}, z_j) := W_{j+1}(S_{j+1}(c_{j+1}, z_j) \mid c_{j+1}, z_j)$

bzw.

(2.62) $w_{j+1}^{(o)}(c_{j+1}, z_j) := W_{j+1}(K \mid c_{j+1}, z_j) + k_{j+1}$

entnommen werden können. Daß die bedingten Erwartungswerte der Schranken (2.61) und (2.62) existieren, ist aufgrund unserer allgemeinen Modellvoraussetzungen sichergestellt. Somit ist nur noch die Gültigkeit der doppelten Ungleichung (2.6o) nachzuweisen.

Hierzu schreiben wir unter Berücksichtigung der hier zugrunde gelegten Lagerbilanzgleichung

$$x_{j+1} = g_j(y_j, z_j) := y_j - z_j$$

die Beziehung (2.5o) durch Einführung der Funktion w_{j+1} gemäß (2.54) in der Form

$$(2.63)\quad w_{j+1}(c_{j+1}, x_{j+1}, z_j) = \begin{cases} k_{j+1} + W_{j+1}(S_{j+1}(c_{j+1}, z_j) | c_{j+1}, z_j) \ , \\ \qquad \text{falls } x_{j+1} < s_{j+1}(c_{j+1}, z_j) \\ W_{j+1}(x_{j+1} | c_{j+1}, z_j) \ , \\ \qquad \text{falls } x_{j+1} \geq s_{j+1}(c_{j+1}, z_j) \ . \end{cases}$$

Die Gültigkeit der linken Ungleichung (2.6o) ist nun eine unmittelbare Konsequenz von (2.63) sowie der Beziehung:

$$\min_{y_{j+1} \in \mathbb{R}} \left\{ W_{j+1}(y_{j+1} | c_{j+1}, z_j) \right\} = W_{j+1}(S_{j+1}(c_{j+1}, z_j) | c_{j+1}, z_j) \ .$$

Da für $\forall\, y_j \in [c,d]$ und $\forall\, z_j \in \mathbb{R}_{(\geq o)}$ jedenfalls gilt:

$$x_{j+1} = g_j(y_j, z_j) = y_j - z_j \leq d - z_j \leq d =: K \ ,$$

wobei als $K := d$ eine gewisse Konstante bezeichnet, erhält man aus Hilfssatz 7 sofort die Gültigkeit der rechten Ungleichung (2.6o), womit Hilfssatz 8 bewiesen ist.

Insbesondere unter Benutzung von Hilfssatz 7 können wir jetzt die Optimalität einer (s,S)-Politik beweisen.

Satz 1:
Die $V_i(\cdot|c_i,z_{i-1})$ seien für beliebige $(c_i,z_{i-1}) \in \mathbb{R}_{(\geq 0)} \times \mathbb{R}_{(\geq 0)}$ als Funktionen von y_i auf $\mathbb{R}$ konvex und für beliebige $(c_i,z_{i-1}) \in \mathbb{R}_{(\geq 0)} \times \mathbb{R}_{(\geq 0)}$ möge gelten:

$$(2.64) \quad \lim_{|y_i| \to \infty} V_i(y_i|c_i,z_{i-1}) = \infty \quad , \quad \forall\, i \in \{1,2,\ldots,n\}.$$

Weiter sei

$$(2.65) \quad 0 < \alpha_i \cdot k_{i+1} \leq k_i \quad , \quad \forall\, i \in \{1,2,\ldots,n\}.$$

Dann existiert eine optimale Bestellpolitik $\eta^*_{[1,n]} := (\eta^*_1, \eta^*_2, \ldots, \eta^*_n)$, wobei für die $\eta^*_i(c_i,x_i,z_{i-1})$ für $\forall\, i \in \{1,2,\ldots,n\}$ gilt:

$$(2.66) \quad \eta^*_i(c_i,x_i,z_{i-1}) = \begin{cases} S_i(c_i,z_{i-1}) - x_i & \text{, falls } x_i < s_i(c_i,z_{i-1}) \\ 0 & \text{, falls } x_i \geq s_i(c_i,z_{i-1}) \end{cases}$$

ist, wobei

$$(2.67) \quad s_i(c_i,z_{i-1}) \leq S_i(c_i,z_{i-1}) \quad , \quad \forall\, i \in \{1,2,\ldots,n\}$$

gilt. D. h. gilt für den Lagerbestand x_i zu Beginn der i-ten Periode $x_i < s_i(c_i,z_{i-1})$, so werden $S_i(c_i,z_{i-1}) - x_i$ Einheiten des Gutes bestellt, gilt $x_i \geq s_i(c_i,z_{i-1})$, so wird keine Bestellung aufgegeben. Mit

$$(2.68) \quad y^*_i(c_i,x_i,z_{i-1}) := x_i + \eta^*_i(c_i,x_i,z_{i-1})$$

läßt sich (2.66) auch schreiben in der Form:

$$(2.69)\quad y_i^*(c_i,x_i,z_{i-1}) = \begin{cases} S_i(c_i,z_{i-1}) & , \text{ falls } x_i < s_i(c_i,z_{i-1}) \\ x_i & , \text{ falls } x_i \geq s_i(c_i,z_{i-1}) \end{cases}$$

Somit existiert also eine optimale Politik, welche von der Form $(s_i(c_i,z_{i-1}),S_i(c_i,z_{i-1}))$, $\forall i \in \{1,2,\ldots,n\}$ ist.

Beweis:
Unter den Voraussetzungen von Satz 1 sind die Hilfssätze 4 - 8 gültig. Insbesondere aus Hilfssatz 7 ergibt sich jetzt die Optimalität der durch (2.66) festgelegten Bestellpolitik. Hierzu zeigen wir, daß $\eta_j^*(c_j,x_j,z_{j-1})$ eine absolute Minimalstelle der nach (2.15) definierten Funktion $H_j(\cdot|c_j,x_j,z_{j-1})$ auf $\mathbb{R}_{(\geq 0)}$ ist. Nun gilt mit der nach (2.14) definierten Funktion $W_j(\cdot|c_j,z_{j-1})$ gemäß (2.15):

$$(2.7o)\qquad H_j(\eta_j \mid c_j,x_j,z_{j-1}) = k_j\cdot\delta(\eta_j) + W_j(x_j+\eta_j \mid c_j,z_{j-1}) \;.$$

Wir betrachten jetzt getrennt die Fälle

1. $x_j \in \,]-\infty, s_j(c_j,z_{j-1})[$

2. $x_j \in [s_j(c_j,z_{j-1}), S_j(c_j,z_{j-1})]$

3. $x_j \in \,]S_j(c_j,z_{j-1}),\infty[$

und weisen in jedem dieser Fälle die Optimalität der durch (2.66) festgelegten Bestellpolitik nach.

<u>Fall 1</u>: $x_j \;\;]-\infty,s_j(c_j,z_{j-1})[$

Aufgrund der Definition von $S_j(c_j,z_{j-1})$ und $s_j(c_j,z_{j-1})$ sowie der Antitonie von W_j (siehe Hilfssatz 7 b)) gilt:

$$(2.71) \quad W_j(s_j(c_j,z_{j-1}) \mid c_j,z_{j-1}) = W_j(S_j(c_j,z_{j-1}) \mid c_j,z_{j-1}) + k_j$$

$$= \min_{y_j \in \mathbb{R}} \{W_j(y_j \mid c_j,z_{j-1}) + k_j\}$$

$$= \min_{\eta_j \in \mathbb{R}_{(\geq 0)}} \{H_j(\eta_j \mid c_j,x_j,z_{j-1})\}$$

Für $\eta_j = 0$ ist mit Hilfssatz 5:

$$(2.72) \quad H_j(0 \mid c_j,x_j,z_{j-1}) = W_j(x_j \mid c_j,z_{j-1}) > W_j(s_j(c_j,z_{j-1}) \mid c_j,z_{j-1})$$

$$= \min_{\eta_j \in \mathbb{R}_{(\geq 0)}} \{H_j(\eta_j \mid c_j,x_j,z_{j-1})\}$$

Das Minimum von $H_j(\cdot \mid c_j,x_j,z_{j-1})$ auf $\mathbb{R}_{(\geq 0)}$ wird also sicher nicht für $\eta_j = 0$, sondern nach (2.71) unter Beachtung der Definition von $S_j(c_j,z_{j-1})$ für $\eta_j = y_j - x_j = S_j(c_j,x_{j-1}) - x_j$ angenommen.

<u>Fall 2</u>: $x_j \in [s_j(c_j,z_{j-1}), S_j(c_j,z_{j-1})]$

Nach der Definition von $H_j(\eta_j \mid c_j,x_j,z_{j-1})$ sowie aus Hilfssatz 7 b) ergibt sich für $\eta_j = 0$:

$$H_j(0 \mid c_j,x_j,z_{j-1}) = W_j(x_j \mid c_j,z_{j-1}) \leq W_j(s_j(c_j,z_{j-1}) \mid c_j,z_{j-1})$$

und für $\eta_j \in \mathbb{R}_{(>0)}$ unter Berücksichtigung von (2.38)

$$H_j(\eta_j \mid c_j,x_j,z_{j-1}) = W_j(x_j+\eta_j \mid c_j,z_{j-1})+k_j \geq \min_{y \in \mathbb{R}} \{W_j(y \mid c_j,z_{j-1}) + k_j\}$$

$$= W_j(S_j(c_j,z_{j-1}) \mid c_j,z_{j-1})+k_j = W_j(s_j(c_j,z_{j-1}) \mid c_j,z_{j-1}) \geq H_j(0 \mid c_j,x_j,z_{j-1}).$$

Das Minimum von $H_j(\cdot \mid c_j,x_j,z_{j-1})$ auf $\mathbb{R}_{(\geq 0)}$ wird demnach für $\eta_j = 0$ angenommen.

Fall 3: $x_j \in \,]S_j(c_j,z_{j-1}),\infty[$

Für $\eta_j = 0$ ist nach (2.7o):

$$H_j(0 \mid c_j,x_j,z_{j-1}) = W_j(x_j \mid c_j,z_{j-1})$$

und für $\eta_j \in \mathbb{R}_{(>o)}$ nach Hilfssatz 7 c):

$$H_j(\eta_j \mid c_j,x_j,z_{j-1}) = W_j(x_j+\eta_j \mid c_j,z_{j-1}) + k_j$$

$$\geq W_j(x_j \mid c_j,z_{j-1}) = H_j(0 \mid c_j,x_j,z_{j-1}) \; ,$$

das Minimum von $H_j(\cdot \mid c_j,x_j,z_{j-1})$ auf $\mathbb{R}_{(\geq o)}$ wird demnach, ebenso wie im Fall 1, für $\eta_j = 0$ angenommen.

Damit ist die Optimalität der durch (2.66) festgelegten Bestellpolitik $(\eta_1^*,\eta_2^*,\ldots,\eta_n^*)$ nachgewiesen.

Die Berechnung der $\eta_j^*(c_j,x_j,z_{j-1})$, $j \in \{1,2,\ldots,n\}$ hat natürlich rekursiv zu erfolgen. Um $\eta_j^*(c_j,x_j,z_{j-1})$, $j \in \{1,2,\ldots,n\}$ zu berechnen, ermittelt man zunächst nach (2.18) $W_j(y_j \mid c_j,z_{j-1})$, wozu natürlich aus der zuvor ausgewerteten (j+1)-ten Periode $f_{[j+1,n]}(c_{j+1},x_{j+1},z_j)$ bekannt sein muß. Ist $W_j(\cdot \mid c_j,z_{j-1})$ bekannt, so lassen sich die Größen $S_j(c_j,z_{j-1})$ und $s_j(c_j,z_{j-1})$ bestimmen. Allerdings erfordert die Ermittlung der $S_j(c_j,z_{j-1})$ und $s_j(c_j,z_{j-1})$ einen großen Rechenaufwand, da hierbei keine diesen Rechenaufwand reduzierenden Eigenschaften der Funktionen $W_j(\cdot \mid c_j,z_{j-1})$ wie Monotonie, Konvexität o. ä. ausgenutzt werden können. (Allerdings kann man von den in Abschnitt 3 hergeleiteten Schranken für die Größen $S_j(c_j,z_{j-1})$ und $s_j(c_j,z_{j-1})$ Gebrauch machen.) $\eta_j^*(c_j,x_j,z_{j-1})$ bestimmt man dann nach (2.18) zu:

$$\eta_j^*(c_j,x_j,z_{j-1}) = \begin{cases} S_j(c_j,z_{j-1}) - x_j, & \text{falls } x_j < s_j(c_j,z_{j-1}) \\ 0 & , \text{falls } x_j \geq s_j(c_j,z_{j-1}) \end{cases}$$

Anschließend ermittelt man $f_{[j,n]}(c_j,x_j,z_{j-1})$ gemäß:

$$f_{[j,n]}(c_j,x_j,z_{j-1}) = -c_j \cdot x_j + H_j(\eta_j^*(c_j,x_j,z_{j-1}) \mid c_j,x_j,z_{j-1})$$

$$= \begin{cases} -c_j \cdot x_j + k_j + W_j(S_j(c_j,z_{j-1}) \mid c_j,z_{j-1}), & \text{falls } x_j < s_j(c_j,z_{j-1}) \\ -c_j \cdot x_j + W_j(x_j \mid c_j,z_{j-1}) & , \text{falls } x_j \geq s_j(c_j,z_{j-1}) \end{cases}$$

2.3 Optimale (s,S)-Bestellpolitik für Modell B, falls die Nachfrage vorgemerkt wird

In analoger Weise läßt sich auch die Optimalität einer (s,S)-Bestellpolitik für Modell B nachweisen. Lediglich die Voraussetzungen sind in einigen Punkten etwas stärker als bei Modell A - siehe hierzu die Ausführungen in Abschnitt 2.4.

Wieder unterstellen wir den back-order-case. Mit

(2.73) $$x_{i+1} = g_i(y_i,z_i) := y_i - z_i \quad , \quad \forall\, i \in \{1,2,\ldots,n\}$$

als Lagerbilanzgleichung lautet die zugrunde liegende Funktionalgleichung (1.57) jetzt:

(2.74) $$\bar{f}_{[i,n]}(c_i,x_i,z_{i-1}) = \inf_{\eta_i \geq 0} \Big\{ k_i \cdot \delta(\eta_i) + \bar{V}_i(x_i+\eta_i \mid c_i,z_{i-1})$$

$$+ \alpha_i \cdot \int_0^\infty \int_0^\infty \bar{f}_{[i+1,n]}(c_{i+1},x_i+\eta_i-z_i,z_i)\, dG_{i+1}(c_{i+1} \mid z_i,c_i)\, dF_i(z_i \mid c_i,z_{i-1}) \Big\}$$

$$i \in \{1,2,\ldots,n\}$$

mit

(2.75) $$\bar{f}_{[n+1,n]}(c_{n+1},x_{n+1},z_n) := 0 \;,$$

(2.76) $\bar{V}_i(y_i | c_i, z_{i-1}) := c_i \cdot y_i - \alpha_i \cdot J_i(y_i | c_i, z_{i-1}) + L_i(y_i | c_i, z_{i-1})$,

wobei $x_i + \eta_i =: y_i$ gesetzt wurde und J_i nach (1.48) unter Berücksichtigung von (2.73) jetzt definiert ist durch:

$$(2.77)\quad J_i(y_i | c_i, z_{i-1}) = E\left[C_{i+1} \cdot (y_i - Z_i) | C_i = c_i, Z_{i-1} = z_{i-1}\right]$$

$$= \int_0^\infty \int_0^\infty c_{i+1} \cdot (y_i - z_i) \cdot dG_{i+1}(c_{i+1} | z_i, c_i) dF_i(z_i | c_i, z_{i-1})$$

und L_i wie früher erklärt ist durch

$$(2.78)\quad L_i(y_i | c_i, z_{i-1}) := \int_{\mathbb{R}_{(\geq 0)}} \ell_i(y_i, c_i, z) dF_i(z | c_i, z_{i-1}) ,$$

$i \in \{1, 2, \ldots, n\}$

Setzen wir noch

$$(2.79)\quad \bar{W}_i(y_i | c_i, z_{i-1}) := \bar{V}_i(y_i | c_i, z_{i-1})$$

$$+ \alpha_i \cdot \int_0^\infty \int_0^\infty f_{[i+1,n]}(c_{i+1}, y_i - z_i, z_i) dG_{i+1}(c_{i+1} | z_i, c_i) dF_i(z_i | c_i, z_{i-1})$$

sowie

$$(2.80)\quad \bar{H}_i(\eta_i | c_i, x_i, z_{i-1}) := k_i \cdot \delta(\eta_i) + W_i(x_i + \eta_i | c_i, z_{i-1}) ,$$

so können wir (2.74) auch schreiben in der Form:

$$(2.81)\quad \bar{f}_{[i,n]}(c_i, x_i, z_{i-1}) = \inf_{\eta_i \geq 0} \left\{ k_i \cdot \delta(\eta_i) + \bar{W}_i(x_i + \eta_i | c_i, z_{i-1}) \right\}$$

bzw.

$$(2.81')\quad \bar{f}_{[i,n]}(c_i, x_i, z_{i-1}) = \inf_{\eta_i \geq 0} \left\{ \bar{H}_i(\eta_i | c_i, x_i, z_{i-1}) \right\} .$$

Insbesondere aus der Schreibweise (2.81) ist ersichtlich, daß für eine optimale Bestellpolitik der i-ten Stufe gelten wird $\eta_i^* = \eta_i^*(c_i, x_i, z_{i-1})$ und daß die Struktur dieser Politik in starkem Maße durch die Eigenschaften der Funktion

$\bar{W}_i(\cdot|c_i,z_{i-1})$ als Funktion von y_i bestimmt ist. Um auch hier solche Eigenschaften von $\bar{W}_i(\cdot|c_i,z_{i-1})$ sicherzustellen, welche es uns erlauben, bekannte Sätze der Analysis über die Existenz des Infimums sowie die Abhängigkeit der Infimumstelle von den Parametern auf die vorliegende Aufgabenstellung

$$\inf_{\eta_i \geq 0} \{k_i \cdot \delta(\eta_i) + \bar{W}_i(x_i+\eta_i \mid c_i,z_{i-1})$$

anwenden zu können, treffen wir die folgenden Annahmen:

1. Es handelt sich um die Lagerhaltung eines unbeschränkt teilbaren Gutes, ferner seien die Preise ebenfalls unbeschränkt teilbar (kontinuierliches Lagergut und kontinuierliche Preise).

2. Die Preis- bzw. Nachfrageverteilungen seien stetig, ihre Dichten seien bezeichnet mit

$$\psi_{i+1}(c_{i+1} \mid z_i,c_i) \quad \text{bzw.} \quad \varphi_i(z_i \mid c_i,z_{i-1}) \quad ,$$

d. h. es gelte:

$$dG_{i+1}(c_{i+1} \mid z_i,c_i) = \psi_{i+1}(c_{i+1} \mid z_i,c_i)dc_{i+1}$$

sowie $\qquad i \in \{1,2,\ldots,n\}$

$$dF_i(z_i \mid c_i,z_{i-1}) = \varphi_i(z_i \mid c_i,z_{i-1})dz_i$$

und

$$dG_1(c_1 \mid z_o) = \psi_1(c_1 \mid z_o)dc_1 \quad ; \quad dF_o(z_o) = \varphi_o(z_o)dz_o \; .$$

3. Die $\bar{V}_i(\cdot|c_i,z_{i-1})$ seien als Funktionen von y_i auf $\mathbb{R}$ konvex.

4. Es gilt

$$\lim_{|y_i| \to \infty} \bar{V}_i(y_i \mid c_i,z_{i-1}) = \infty \; .$$

Wie weit insbesondere die Forderungen 3. und 4. eine Konsequenz der Kostenstrukturen von Abschnitt 1.3 darstellen, werden wir in Abschnitt 2.4 untersuchen.

Für die nachfolgenden Überlegungen benötigen wir wieder die bereits am Ende von Abschnitt 1.4 eingeführten Größen ($s_i(c_i,z_{i-1})$ sowie $S_i(c_i,z_{i-1})$ - also Bestellpunkt sowie Bestellniveau -. Somit muß wieder die Frage der Existenz dieser Größen gestellt werden. Unter teilweiser Vorwegnahme der Resultate dieses Abschnitts werden wir diese Frage im positiven Sinn beantworten.

Genügen die $\bar{V}_i(\cdot|c_i,z_{i-1})$ als Funktionen von y_i auf $\mathbb{R}$ der Bedingung 3., so folgt aus Hilfssatz 1, daß die $\bar{V}_i(\cdot|c_i,z_{i-1})$ als Funktionen von y_i auf $\mathbb{R}$ stetig sind.

Sind die $\bar{V}_i(\cdot|c_i,z_{i-1})$ als Funktionen von y_i auf $\mathbb{R}$ stetig, so werden wir in Hilfssatz 12 sukzessive durch Betrachtung der Funktionalgleichung

$$\bar{f}_{[i,n]}(c_i,x_i,z_{i-1}) = \inf_{\eta_i \geq 0} \left\{k_i \cdot \delta(\eta_i)+\bar{W}_i(x_i+\eta_i|c_i,z_{i-1})\right\}$$

für i = n(-1)1, beginnend mit $\bar{f}_{[n+1,n]}(c_{n+1},x_{n+1},z_n) := 0$, sowie parallel hierzu

$$\bar{W}_i(y_i|c_i,z_{i-1}) := \bar{V}_i(y_i|c_i,z_{i-1})$$
$$+\alpha_i \cdot E\left[\bar{f}_{[i+1,n]}(C_i,y_i-Z_i,Z_i) \middle| C_i=c_i,Z_i=z_{i-1}\right]$$

für i = n(-1)1 nachweisen, daß die

$\bar{W}_i(\cdot|c_i,z_{i-1})$ als Funktionen von y_i auf $\mathbb{R}$ stetig sind und daß die

$\bar{f}_{[i,n]}(c_i,\cdot,z_{i-1})$ als Funktionen von x_i auf $\mathbb{R}$ stetig sind und dies gilt für beliebige $(c_i,z_{i-1}) \in \mathbb{R}_{(\geq 0)} \times \mathbb{R}_{(\geq 0)}$.

Ferner werden wir in Hilfssatz 10 zeigen, daß die Grenzwertbeziehungen

$$(2.82)\quad \lim_{|y_i|\to\infty} \bar{W}_i(y_i|c_i,z_{i-1}) = \infty \quad , \quad \forall\, i \in \{1,2,\dots,n\}$$

gelten.

Wegen dieser Grenzwertbeziehungen sowie der Stetigkeit von $\bar{W}_i(\cdot|c_i,z_{i-1})$ als Funktionen von y_i auf $\mathbb{R}$ existiert dann für jedes $(c_i,z_{i-1}) \in \mathbb{R}_{(\geq o)} \times \mathbb{R}_{(\geq o)}$ eine kleinste von c_i,z_{i-1} abhängige Zahl $S_i(c_i,z_{i-1})$ mit

$$(2.83)\quad \bar{W}_i(S_i(c_i,z_{i-1})|c_i,z_{i-1}) = \min_{y_i\in\mathbb{R}} \{W_i(y_i\; c_i,z_{i-1})\} .$$

Ferner existiert für jedes $(c_i,z_{i-1}) \in \mathbb{R}_{(\geq o)} \times \mathbb{R}_{(\geq o)}$ aus eben denselben Gründen eine kleinste, von c_i,z_{i-1} abhängige Zahl $s_i(c_i,z_{i-1}) \in\,]-\infty, S_i(c_i,z_{i-1})]$, für die gilt:

$$(2.84)\quad \bar{W}_i(s_i(c_i,z_{i-1})|c_i,z_{i-1}) = \bar{W}_i(S_i(c_i,z_{i-1})|c_i,z_{i-1}) + k_i \; ,$$

$$\forall\, i \in \{1,2,\dots,n\} .$$

In Satz 1 schließlich werden wir zeigen, daß unter den Voraussetzungen 1. - 4. sowie der zusätzlichen Voraussetzung

$$0 < \alpha_i \cdot k_{i+1} \leq k_i \qquad \forall\, i \in \{1,2,\dots,n-1\}$$

durch die Folge der Paare

$$(s_i(c_i,z_{i-1}), S_i(c_i,z_{i-1})) \; , \; i \in \{1,2,\dots,n\}$$

eine optimale Bestellpolitik vom (s,S)-Typ gemäß

$$\eta_i^*(c_i,x_i,z_{i-1}) = \begin{cases} S_i(c_i,z_{i-1}) - x_i & , \text{ falls } x_i < s_i(c_i,z_{i-1}) \\ 0 & , \text{ falls } x_i \geq s_i(c_i,z_{i-1}) \end{cases}$$

festgelegt ist.

Wegen

$$\bar{f}_{[i,n]}(c_i,x_i,z_{i-1}) = \inf_{\eta_i \geq 0} \left\{ k_i \cdot \delta(\eta_i) + \bar{W}_i(x_i+\eta_i \mid c_i,z_{i-1}) \right\}$$

folgt daraus schließlich:

$$\bar{f}_{[i,n]}(c_i,x_i,z_{i-1}) = \begin{cases} k_i + W_i(S_i(c_i,z_{i-1}) \mid c_i,z_{i-1}) , \\ \qquad \text{falls } x_i < s_i(c_i,z_{i-1}) \\ W_i(x_i \mid c_i,z_{i-1}) , \\ \qquad \text{falls } x_i \geq s_i(c_i,z_{i-1}) . \end{cases}$$

Nachdem damit benötigte Begriffe und Überlegungen vorab skizziert worden sind, wenden wir uns jetzt den Details zu: In einer Reihe von Hilfssätzen - diese Hilfssätze entsprechen genau den früheren Hilfssätzen 5 - 8 - werden wir nachweisen, daß unter den gemachten Voraussetzungen die $\bar{W}_i(\cdot \mid c_i,z_{i-1})$, betrachtet als Funktion von y_i auf $\mathbb{R}$, solche Eigenschaften besitzen, daß die Existenz einer optimalen Politik vom (s,S)-Typ sichergestellt ist.

Wir beginnen mit

Hilfssatz 9:
Zusätzlich zu den bisherigen Voraussetzungen, insbesondere den Voraussetzungen 1. - 4. gelte:

$$0 < \alpha_i \cdot k_{i+1} \leq k_i \quad , \quad \forall i \in \{1,2,\ldots,n-1\} .$$

Dann sind die Funktionen

$$\bar{W}_i : \mathbb{R} \to \mathbb{R} \text{ mit } y \longmapsto \bar{W}_i(y \mid c_i,z_{i-1}) \text{ , wobei}$$

$$(2.85)\ \bar{W}_i(y \mid c_i,z_{i-1}) := \bar{V}_i(y \mid c_i,z_{i-1})$$

$$+\alpha_i \cdot \int_0^\infty \int_0^\infty \bar{f}_{[i+1,n]}(c,y-z,z)dG_{i+1}(c \mid z,c_i)dF_i(z \mid c_i,z_{i-1})$$

für jedes $(c_i, z_{i-1}) \in \mathbb{R}_{(\geq 0)} \times \mathbb{R}_{(\geq 0)}$ k_i-konvex, $i \in \{1,2,\dots,n\}$.

Beweis:
Der Beweis dieses Hilfssatzes ist Wort für Wort demjenigen von Hilfssatz 5 nachgebildet.

Man hat lediglich zu beachten, daß hier für $i := n$ wegen $\bar{f}_{[n+1,n]}(c_{n+1}, x_{n+1}, z_n) := 0$ gilt:

$$(2.86) \qquad \bar{W}_n(y \mid c_n, z_{n-1}) = \bar{V}_n(y \mid c_n, z_{n-1}) \,,$$

daß die $\bar{V}_i(\cdot \mid c_i, z_{i-1})$ für $\forall (c_i, z_{i-1}) \in \mathbb{R}_{(\geq 0)} \times \mathbb{R}_{(\geq 0)}$ als Funktionen von y_i auf $\mathbb{R}$ konvex sind, daß anstelle der in 2.2 betrachteten Funktionalgleichung (*) jetzt die Funktionalgleichung

$$(2.87) \quad \bar{f}_{[i+1,n]}(c_{i+1}, x_{i+1}, z_i) = \inf_{\eta_{i+1} \in \mathbb{R}_{(\geq 0)}} \Big\{ k_{i+1} \cdot \delta(\eta_{i+1}) + \bar{W}_{i+1}(x_{i+1} + \eta_{i+1} \mid c_{i+1}, z_i) \Big\}$$

zugrunde zu legen ist und daß mit $(c,z) := (c_{i+1}, z_i)$ bei einer optimalen Politik der Periode i+1 von der Form

$$(s_{i+1}(c,z), S_{i+1}(c,z))$$

anstelle von (2.25) hier:

$$(2.88) \quad \bar{f}_{[i+1,n]}(c,x,z) = \begin{cases} k_{i+1} + \bar{W}_{i+1}(S_{i+1}(c,z) \mid c,z) & \text{für } x < s_{i+1}(c,z) \\ \\ W_{i+1}(x \mid c,z) & \text{für } x \geq s_{i+1}(c,z) \end{cases}$$

gilt.

Wegen (2.88) ist der Beweis von Hilfssatz 9 sogar etwas einfacher zu führen als derjenige von Hilfssatz 5.

Ferner gilt analog zu Hilfssatz 6 der

Hilfssatz 1o:
Sind die Voraussetzungen 1. - 4. erfüllt, gilt also insbesondere

(2.89) $$\lim_{|y_i|\to\infty} \bar{V}_i(y_i \mid c_i, z_{i-1}) = \infty \ , \quad \forall i \in \{1,2,\dots,n\},$$

so gelten für die Funktionen

$$\bar{W}_i : \mathbb{R} \to \mathbb{R} \text{ mit } y_i \longmapsto \bar{W}_i(y_i \mid c_i, z_{i-1}) \ ,$$

wobei

(2.9o) $$\bar{W}_i(y_i \mid c_i, z_{i-1}) := \bar{V}_i(y_i \mid c_i, z_{i-1})$$

$$+\alpha_i \cdot \int_0^\infty \int_0^\infty \bar{f}_{[i+1,n]}(c_{i+1}, y_i - z_i, z_i) dG_{i+1}(c_{i+1} | z_i, c_i) dF_i(z_i | c_i, z_{i-1})$$

ist, die Grenzwertbeziehungen:

(2.91) $$\lim_{|y_i|\to\infty} W_i(y_i \mid c_i, z_{i-1}) = \infty \ ,$$

$i \in \{1,2,\dots,n\}$.

Beweis:
Auch der Beweis von Hilfssatz 1o folgt wörtlich demjenigen von Hilfssatz 6. Dem Induktionsbeweis dafür, daß für $\forall\ i \in \{1,2,\dots,n\}$ gilt

$$\bar{f}_{[i+1,n]}(c_{i+1}, x_{i+1}, z_i) \geq 0 \ , \quad \forall\ (c_{i+1}, x_{i+1}, z_i) \in \mathbb{R}_{(\geq 0)} \times \mathbb{R} \times \mathbb{R}_{(\geq 0)}$$

ist lediglich die Funktionalgleichung:

$$\bar{f}_{[i,n]}(c_i, x_i, z_{i-1}) = \inf_{\eta_i \geq 0} \left\{ k_i \cdot \delta(\eta_i) + \bar{W}_i(x_i + \eta_i \mid c_i, z_{i-1}) \right\}$$

$$= \inf_{\eta_i \geq 0} \Big\{ k_i \cdot \delta(\eta_i) + \bar{V}_i(x_i + \eta_i \mid c_i, z_{i-1})$$

$$+\alpha_i \cdot \int_0^\infty \int_0^\infty \bar{f}_{[i+1,n]}(c_{i+1}, x_i + \eta_i - z_i, z_i) dG_{i+1}(c_{i+1} | z_i, c_i) dF_i(z_i | c_i, z_{i-1}) \Big\}$$

zugrunde zu legen.

Weiter gilt der

Hilfssatz 11:
Die Funktionen $\bar{W}_j$, $j \in \{1,2,\ldots,n\}$ haben die folgenden Eigenschaften:

a) $\bar{W}_j$ streng antiton (monoton fallend) im Intervall
$]-\infty, s_i(c_j, z_{j-1})]$

b) $\bar{W}_j(y|c_j,z_{j-1}) \leq \bar{W}_j(s_j(c_j,z_{j-1})|c_j,z_{j-1})$ für $s_j(c_j,z_{j-1}) \leq y \leq S_j(c_j,z_{j-1})$

c) $\bar{W}_j(y|c_j,z_{j-1}) \leq \bar{W}_j(\hat{y}|c_j,z_{j-1}) + k_j$ für $S_j(c_j,z_{j-1}) \leq y \leq \hat{y}$.

Beweis:
Der Beweis folgt wortwörtlich demjenigen von Hilfssatz 7, lediglich ist den Überlegungen anstelle der Funktion $W_j(\cdot|c_j,z_{j-1})$ jetzt die Funktion $\bar{W}_j(\cdot|c_j,z_{j-1})$ zugrunde zu legen.

Schließlich gilt analog zu Hilfssatz 8 der

Hilfssatz 12:
Für beliebige aber feste $(c_i,z_{i-1}) \in \mathbb{R}_{(\geq 0)} \times \mathbb{R}_{(\geq 0)}$ sind die $\bar{W}_i(\cdot|c_i,z_{i-1})$ als Funktionen von y_i auf $\mathbb{R}$ stetig.

Beweis:
Der Beweis von Hilfssatz 12 erfolgt nach dem gleichen Prinzip wie derjenige von Hilfssatz 8: Man führt den Beweis durch vollständige Induktion, wobei zurückgegriffen wird auf die Definitionsgleichung

$$(2.92)\quad \bar{W}_i(y_i|c_i,z_{i-1}) = \bar{V}_i(y_i|c_i,z_{i-1}) + \alpha_i \cdot E\left[\bar{f}_{[i+1,n]}(C_{i+1}, y_i - Z_i, Z_i) | C_i = c_i, Z_{i-1} = z_{i-1}\right]$$

sowie die Rekursionsgleichung

$$(2.93)\quad \bar{f}_{[i,n]}(c_i,x_i,z_{i-1}) = \inf_{\eta_i \geq 0} \left\{k_i \cdot \delta(\eta_i) + \bar{W}_i(x_i+\eta_i \mid c_i,z_{i-1})\right\},$$

$i \in \{1,2,\dots,n\}$, welche unter Berücksichtigung der Anfangsbedingung

$$(2.94)\quad \bar{f}_{[i,n]}(c_{n+1},x_{n+1},z_n) := 0$$

zu lösen ist.

1. Induktionsverankerung:
   Für $i := n$ erhält man aus (2.92) wegen der Anfangsbedingung (2.94):

$$(2.95)\quad \bar{W}_n(y_n \mid c_n,z_{n-1}) = \bar{V}_n(y_n \mid c_n,z_{n-1}) .$$

   Nach Voraussetzung 3. und Hilfssatz 1 ist für beliebige aber feste $(c_n,z_{n-1}) \in \mathbb{R}_{(\geq 0)} \times \mathbb{R}_{(\geq 0)}$ $\bar{V}_n(\cdot \mid c_n,z_{n-1})$ als Funktion von y_n auf $\mathbb{R}$ stetig und wegen (2.95) gilt somit dasselbe für $\bar{W}_n(\cdot \mid c_n,z_{n-1})$ als Funktion von y_n auf $\mathbb{R}$.

2. Induktionsschluß:
   Wir nehmen an, die Behauptung sei für $i := j+1$ richtig, d. h. für alle $(c_{j+1},z_j) \in \mathbb{R}_{(\geq 0)} \times \mathbb{R}_{(\geq 0)}$ sei $\bar{W}_{j+1}(\cdot \mid c_{j+1},z_j)$ als Funktion von y_{j+1} auf $\mathbb{R}$ stetig. Nach Satz 2 - angewandt auf die $(j+1)$-te Periode - muß dann in der $(j+1)$-ten Periode eine optimale durch $(s_{j+1}(c_{j+1},z_j),S_{j+1}(c_{j+1},z_j))$ charakterisierte Politik vom (s,S)-Typ existieren, aus der Funktionalgleichung (2.93) für $i := j+1$ folgt also:

$$(2.96)\quad \bar{f}_{[j+1,n]}(c_{j+1},x_{j+1},z_j) = \begin{cases} k_{j+1} + \bar{W}_{j+1}(S_{j+1}(c_{j+1},z_j) \mid c_{j+1},z_j) , \\ \qquad \text{falls } x_{j+1} < s_{j+1}(c_{j+1},z_j) \\ \bar{W}_{j+1}(x_{j+1} \mid c_{j+1},z_j) , \\ \qquad \text{falls } x_{j+1} \geq s_{j+1}(c_{j+1},z_j) \end{cases}$$

ist.

Da nach Voraussetzung für alle $(c_{j+1}, z_j) \in \mathbb{R}_{(\geq 0)} \times \mathbb{R}_{(\geq 0)}$ $\bar{W}_{j+1}(\cdot | c_{j+1}, z_j)$ als Funktion von y_{j+1} auf $\mathbb{R}$ stetig ist und nach der Definition von $s_{j+1}(c_{j+1}, z_j)$, siehe (2.84), gilt:

$$\bar{W}_{j+1}(s_{j+1}(c_{j+1}, z_j) | c_{j+1}, z_j) = \bar{W}_{j+1}(S_{j+1}(c_{j+1}, z_j) | c_{j+1}, z_j) + k_{j+1} ,$$

ist nach (2.96) $\bar{f}_{[j+1,n]}(c_{j+1}, \cdot, z_j)$ als Funktion von x_{j+1} auf $\mathbb{R}$ stetig.

Nun gilt nach (2.92):

$$(2.97) \quad \bar{W}_j(y_j | c_j, z_{j-1}) = \bar{V}_j(y_j | c_j, z_{j-1}) + \alpha_j \, E\left[\bar{f}_{[j+1,n]}(C_{j+1}, y_j - Z_j, Z_j) \middle| C_j = c_j, Z_{j-1} = z_{j-1}\right] .$$

Da nach Voraussetzung 3. und Hilfssatz 1 für alle $(c_j, z_{j-1}) \in \mathbb{R}_{(\geq 0)} \times \mathbb{R}_{(\geq 0)}$ $\bar{V}_j(\cdot | c_j, z_{j-1})$ als Funktion von y_j auf $\mathbb{R}$ stetig ist, haben wir den Nachweis erbracht, wenn wir zeigen können, daß für alle $(c_j, z_{j-1}) \in \mathbb{R}_{(\geq 0)} \times \mathbb{R}_{(\geq 0)}$ die durch

$$\bar{H}_{j+1}: \mathbb{R} \to \mathbb{R} \text{ mit } \quad y_j \longmapsto \bar{H}_{j+1}(y_j | c_j, z_{j-1})$$

und

$$(2.98) \quad \bar{H}_{j+1}(y_j | c_j, z_{j-1}) := E\left[\bar{f}_{[j+1,n]}(C_{j+1}, y_j - Z_j, Z_j) | C_j = c_j, Z_{j-1} = z_{j-1}\right]$$

definierte Funktion von y_j auf jedem endlichen Intervall $[c,d]$ stetig ist. Wegen der Stetigkeit von

$$(2.99) \quad g_j: \mathbb{R} \to \mathbb{R} \text{ mit } \quad y_j \longmapsto g_j(y_j, z_j) := y_j - z_j$$

als Funktion von y_j auf $\mathbb{R}$ sowie der vorhin bewiesenen Stetigkeit von $\bar{f}_{[j+1,n]}(c_{j+1},\cdot,z_j)$ als Funktion von x_{j+1} auf $\mathbb{R}$ ist für alle $(c_{j+1},z_j)\in \mathbb{R}_{(\geq o)}\times \mathbb{R}_{(\geq o)}$ die verkettete Funktion

$$\bar{f}_{[j+1,n]}(c_{j+1},g_j(\cdot,z_j),z_j)$$

als Funktion von y_j auf $\mathbb{R}$ stetig. Mittels des Konvergenzsatzes von Lebesque (Satz von der majorisierten Konvergenz) für bedingte Erwartungswerte folgt daher aus (2.98), daß für beliebige aber feste $(c_j,z_{j-1})\in \mathbb{R}_{(\geq o)}\times \mathbb{R}_{(>o)}$ $\bar{H}_{j+1}(\cdot\,|\,c_j,z_{j-1})$ als Funktion von y_j auf jedem endlichen Intervall $[c,d]$ stetig ist, wenn nachgewiesen werden kann, daß Funktion $\bar{w}^{(u)}_{j+1}(\cdot,\cdot)$ und $\bar{w}^{(o)}_{j+1}(\cdot,\cdot)$ der Variablen c_{j+1},z_j existieren mit

$$(2.1oo)\quad \bar{w}^{(u)}_{j+1}(c_{j+1},z_j)\leq \bar{f}_{[j+1,n]}(c_{j+1},y_j-z_j,z_j)\leq \bar{w}^{(o)}_{j+1}(c_{j+1},z_j)\ ,$$

$$\forall (c_{j+1},z_j,y_j)\in \mathbb{R}_{(\geq o)}\times \mathbb{R}_{(\geq o)}\times [c,d]$$

und

$$(2.1o1)\quad E\left[w^{(u)}_{j+1}(C_{j+1},Z_j)\,\middle|\,C_j=c_j,Z_{j-1}=z_{j-1}\right]<\infty$$

sowie

$$(2.1o2)\quad E\left[w^{(o)}_{j+1}(C_{j+1},Z_j)\,\middle|\,C_j=c_j,Z_{j-1}=z_{j-1}\right]<\infty\ .$$

Wir zeigen nun, daß eine Zahl $K\in \mathbb{R}$ existiert, so daß für alle $(c_{j+1},z_j,y_j)\in \mathbb{R}_{(\geq o)}\times \mathbb{R}_{(\geq o)}\times [c,d]$ gilt:

$$(2.1o3)\quad \bar{W}_{j+1}(S_{j+1}(c_{j+1},z_j)\,|\,c_{j+1},z_j)$$

$$\leq \bar{f}_{[j+1,n]}(c_{j+1},y_j-z_j,z_j)\leq \bar{W}_{j+1}(K\,|\,c_{j+1},z_j)+k_{j+1}\ ,$$

woraus die behaupteten Schranken zu

$$(2.1o4)\quad \bar{w}^{(u)}_{j+1}(c_{j+1},z_j):=\bar{W}_{j+1}(S_{j+1}(c_{j+1},z_j)\,|\,c_{j+1},z_j)$$

bzw.

$$(2.1o5)\quad \bar{w}^{(o)}_{j+1}(c_{j+1},z_j):=\bar{W}_{j+1}(K\,|\,c_{j+1},z_j)+k_{j+1}$$

entnommen werden können. Daß die bedingten Erwartungswerte der Schranken (2.1o4) und (2.1o5) existieren, ist aufgrund unserer allgemeinen Modellvoraussetzungen sichergestellt. Somit ist nur noch die Gültigkeit der doppelten Ungleichung (2.1o3) nachzuweisen.

Die Gültigkeit der linken Ungleichung (2.1o3) ist nun eine unmittelbare Konsequenz von (2.96) sowie der Beziehung

$$\min_{y_{j+1}\in \mathbb{R}} \left\{\overline{W}_{j+1}(y_{j+1}\mid c_{j+1},z_j)\right\} = \overline{W}_{j+1}(S_{j+1}(c_{j+1},z_j)\mid c_{j+1},z_j) .$$

Da für $\forall\, y_j \in [c,d]$ und $\forall\, z_j \in \mathbb{R}_{(\geq o)}$ jedenfalls gilt:

$$x_{j+1} = g_j(y_j,z_j) := y_j - z_j \leq d - z_j \leq d =: K ,$$

wobei K:= d eine gewisse Konstante bezeichnet, erhält man aus Hilfssatz 11 sofort die Gültigkeit der rechten Ungleichung (2.1o3), womit Hilfssatz 12 bewiesen ist.

Insbesondere unter Benutzung von Hilfssatz 11 kann jetzt auch für Modell B die Optimalität einer (s,S)-Politik bewiesen werden.

<u>Satz 2</u>:

Die $\bar{V}_i(\cdot\mid c_i,z_{i-1})$ seien für beliebige $(c_i,z_{i-1}) \in \mathbb{R}_{(\geq o)} \times \mathbb{R}_{(\geq o)}$ als Funktionen von y_i auf $\mathbb{R}$ konvex und für beliebige $(c_i,z_{i-1}) \in \mathbb{R}_{(\geq o)} \times \mathbb{R}_{(\geq o)}$ möge gelten:

(2.1o6) $$\lim_{|y_i|\to\infty} \bar{V}_i(y_i \mid c_i,z_{i-1}) = \infty ,$$

$\forall\, i \in \{1,2,\ldots,n\}$. Weiter sei

(2.1o7) $$0 < \alpha_i \cdot k_{i+1} \leq k_i \quad , \quad \forall\, i \in \{1,2,\ldots,n\} .$$

Dann existiert eine optimale Bestellpolitik $\eta^*_{[1,n]} := (\eta^*_1, \eta^*_2,\ldots, \eta^*_n)$, wobei für die $\eta^*_i(c_i,x_i,z_{i-1})$ für $\forall\, i \in \{1,2,\ldots,n\}$ gilt:

$$(2.108)\quad \eta_i^*(c_i,x_i,z_{i-1}) = \begin{cases} S_i(c_i,z_{i-1})-x_i, & \text{falls } x_i < s_i(c_i,z_{i-1}) \\ 0 & \text{, falls } x_i \geq s_i(c_i,z_{i-1}) \end{cases}$$

ist, wobei

$$(2.109)\quad s_i(c_i,z_{i-1}) \leq S_i(c_i,z_{i-1}) \quad , \quad \forall i \in \{1,2,\ldots,n\}$$

gilt. Mit

$$(2.110)\quad y_i^*(c_i,x_i,z_{i-1}) := x_i + \eta_i^*(c_i,x_i,z_{i-1})$$

läßt sich (2.108) auch schreiben in der Form:

$$(2.111)\quad y_i^*(c_i,x_i,z_{i-1}) = \begin{cases} S_i(c_i,z_{i-1}), & \text{falls } x_i < s_i(c_i,z_{i-1}) \\ x_i & \text{, falls } x_i \geq s_i(c_i,z_{i-1}) \end{cases} .$$

Somit existiert also eine optimale Politik, welche von der Form $(s_i(c_i,z_{i-1}),S_i(c_i,z_{i-1}))$, $\forall i \in \{1,2,\ldots,n\}$ ist.

Beweis:
Auch dieser Beweis entspricht genau demjenigen von Satz 1. Lediglich sind die Funktionen W_j, H_j durch die Funktionen $\bar{W}_j$, $\bar{H}_j$ dieses Abschnittes zu ersetzen und die Verweise auf die Hilfssätze 5 bzw. 7 durch die Verweise auf die Hilfssätze 9 bzw. 11 zu ersetzen.

Auch die im Anschluß an den Beweis von Satz 1 gemachten Ausführungen über die rekursive Berechnung der $\eta_j^*(c_j,x_j,z_{j-1})$, $W_j(y_j|c_j,z_{j-1})$, $f_{[j,n]}(c_j,x_j,z_{j-1})$ gelten entsprechend für die Berechnung der jetzigen $\eta_j^*(c_j,x_j,z_{j-1})$, $\bar{W}_j(y_j|c_j,z_{j-1})$, $\bar{f}_{[j,n]}(c_j,x_j,z_{j-1})$, wobei hier natürlich

$$(2.112)\quad \bar{f}_{[j,n]}(c_j,x_j,z_{j-1}) = \bar{H}_j(\eta_j^*(c_j,x_j,z_{j-1}) \mid c_j,x_j,z_{j-1})$$

$$= \begin{cases} k_j + \bar{W}_j(S_j(c_j,z_{j-1}) \mid c_j,z_{j-1}), & \text{falls } x_j < s_j(c_j,z_{j-1}) \\ \bar{W}_j(x_j \mid c_j,z_{j-1}) & \text{, falls } x_j \geq s_j(c_j,z_{j-1}) \end{cases}$$

gilt.

Zu beachten ist lediglich, daß nach der in der angegebenen Weise durchzuführenden Berechnung der $\bar{f}_{[i,n]}(c_i,x_i,z_{i-1})$ die minimalen auf den Zeitpunkt t_{i-1} diskontierten erwarteten Lagerhaltungskosten für den Planungszeitraum von t_{i+1} bis t_n nach (1.55) gegeben sind durch:

$$(2.113)\quad f_{[i,n]}(c_i,x_i,z_{i-1}) = \bar{f}_{[i,n]}(c_i,x_i,z_{i-1})-c_i\cdot x_i \ .$$

Für i:= 1 erhalten wir aus (2.113) die minimalen auf den Zeitpunkt t_o diskontierten erwarteten Lagerhaltungskosten für den gesamten Planungszeitraum zu:

$$(2.114)\quad f_{[1,n]}(c_1,x_1,z_o) = \bar{f}_{[1,n]}(c_1,x_1,z_o)-c_1\cdot x_1 \ .$$

2.4 Kostenstrukturen, welche die Existenz einer optimalen (s,S)-Bestellpolitik implizieren

Wir wollen uns hier kurz mit der Frage auseinandersetzen, ob die in Abschnitt 1.3 beschriebenen Kostenstrukturen den bei den Sätzen 1 bzw. 2 unterstellten Bedingungen:

1. Für $\forall (c_i, z_{i-1}) \in \mathbb{R}_{(\geq 0)} \times \mathbb{R}_{(\geq 0)}$ sind die $\overset{(-)}{V}_i(\cdot \mid c_i, z_{i-1})$ als Funktionen von y_i auf $\mathbb{R}$ konvex, $i \in \{1,2,\ldots,n\}$.

2. Für $\forall (c_i, z_{i-1}) \in \mathbb{R}_{(\geq 0)} \times \mathbb{R}_{(\geq 0)}$ gelten die Grenzwertbeziehungen:

$$(2.115) \quad \lim_{|y_i| \to \infty} \overset{(-)}{V}_i(y_i \mid c_i, z_{i-1}) = \infty \quad , \quad i \in \{1,2,\ldots,n\} .$$

Der Einfachheit halber wurden die Bedingungen für Modell A bzw. Modell B gemeinsam notiert, wobei der über V_i gesetzte Querstrich die zu Modell B gehörigen $\bar{V}_i$ anzeigen soll.

Nach (2.14) bzw. (2.76) gilt nun:

$$(2.116) \quad V_i(y_i \mid c_i, z_{i-1}) = c_i \cdot y_i + L_i(y_i \mid c_i, z_{i-1}) \; , \; i \in \{1,2,\ldots,n\}$$

bzw.

$$(2.117) \quad \bar{V}_i(y_i \mid c_i, z_{i-1}) = c_i \cdot y_i - \alpha_i \cdot J_i(y_i \mid c_i, z_{i-1}) + L_i(y_i \mid c_i, z_{i-1}) \; , \quad i \in \{1,2,\ldots,n\} ,$$

wobei

$$(2.118) \quad L_i(y_i \mid c_i, z_{i-1}) = \int_{\mathbb{R}_{(\geq 0)}} \ell_i(y_i, c_i, z_i) dF_i(z_i \mid c_i, z_{i-1}) \; , \quad i \in \{1,2,\ldots,n\}$$

und nach (2.77)

$$(2.119)\quad J_i(y_i|c_i,z_{i-1}) = E\left[C_{i+1}\cdot(y_i-Z_i)|C_i=c_i,Z_{i-1}=z_{i-1}\right]$$
$$= E\left[C_{i+1}|C_i=c_i,Z_{i-1}=z_{i-1}\right]\cdot y_i$$
$$-E\left[C_{i+1}\cdot Z_i|C_i=c_i,Z_{i-1}=z_{i-1}\right] ,$$
$$i\in\{1,2,\ldots,n\}$$

ist.

Setzen wir noch

$$(2.12o)\quad e_{i1}:= c_i-\alpha_i\cdot E\left[C_{i+1}|C_i=c_i,Z_{i-1}=z_{i-1}\right]$$
$$, \quad i\in\{1,2,\ldots,n\},$$
$$(2.121)\quad e_{io}:= \alpha_i\cdot E\left[C_{i+1}\cdot Z_i|C_i=c_i,Z_{i-1}=z_{i-1}\right]$$

so können wir (2.117) schreiben in der Form:

$$(2.122)\quad \bar{V}_i(y_i|c_i,z_{i-1}) = e_{i1}\cdot y_i+e_{io}+L_i(y_i|c_i,z_{i-1}) , \quad i\in\{1,2,\ldots,n\}.$$

Wie bereits in Abschnitt 1.3 erwähnt, läßt sich für die dort beschriebenen Kostenstrukturen nachweisen, daß die durch (1.28) bzw. (1.3o) definierten $L_i(\cdot|c_i,z_{i-1})$ als Funktionen von y_i auf $\mathbb{R}$ nichtnegativ und konvex sind, $\forall i\in\{1,2,\ldots,n\}$, $\forall (c_i,z_{i-1})\in \mathbb{R}_{(\geq o)}\times\mathbb{R}_{(\geq o)}$.

Sind andererseits die $L_i(\cdot|c_i,z_{i-1})$ als Funktionen von y_i auf $\mathbb{R}$ konvex, so folgt aus (2.116) bzw. (2.122) unter Benutzung von Hilfssatz 4.3 mit $k_i:= 0$ sowie der Tatsache, daß in y_i lineare Funktionen auf $\mathbb{R}$ konvex sind sofort, daß die $V_i(\cdot|c_i,z_{i-1})$ bzw. $\bar{V}_i(\cdot|c_i,z_{i-1})$ als Funktionen von y_i auf $\mathbb{R}$ konvex sind, $\forall i\in\{1,2,\ldots,n\}$, $\forall (c_i,z_{i-1})\in\mathbb{R}_{(\geq o)}\times\mathbb{R}_{(\geq o)}$.

Aus der Konvexität der $L_i(\cdot|c_i,z_{i-1})$ als Funktionen von y_i auf $\mathbb{R}$ folgt also unmittelbar die Konvexität der $\overset{(-)}{V}_i(\cdot|c_i,z_{i-1})$ als Funktionen von y_i auf $\mathbb{R}$.

Untersuchen wir also jetzt, ob für die in Abschnitt 1.3 beschriebenen Konstrukturen auch das durch (2.115) charakterisierte Grenzverhalten gültig ist. Betrachtet seien zunächst die durch (2.116) definierten V_i. Wir beschränken uns hier darauf, das Grenzverhalten der $V_i(y_i|c_i,z_{i-1})$ zu untersuchen, falls die erwarteten Lagerungs- und Fehlbestandskosten $L_i(y_i|c_i,z_{i-1})$ durch (1.28), (1.29) bestimmt sind. Liegen durch (1.3o) bestimmte Lagerungs- und Fehlbestandskosten $L_i(y_i|c_i,z_{i-1})$ vor, so gelten völlig analoge Überlegungen.

Wir behaupten:
Gilt

(2.123) $\quad p_i > c_i \quad , \quad \forall\, i \in \{1,2,\ldots,n\}$,

und sind die erwarteten Lagerungs- und Fehlbestandskosten $L_i(y_i|c_i,z_{i-1})$ durch (1.28), (1.29) definiert, so weisen die durch (2.116) erklärten $V_i(y_i|c_i,z_{i-1})$ das durch (2.115) charakterisierte Grenzverhalten auf, $i \in \{1,2,\ldots,n\}$.

Sei also $L_i(y_i|c_i,z_{i-1})$ nach (1.28) definiert. Dann unterscheiden wir die Fälle $y_i \geq 0$ und $y_i < 0$.

1. Fall: $y_i \geq 0$. Hier ist:

$$L_i(y_i \mid c_i,z_{i-1}) = (h_i+p_i)\cdot\int_0^{y_i} (y_i-z)dF_i(z \mid c_i,z_{i-1}) + p_i\cdot(E[Z_i \mid c_i,z_{i-1}]-y_i)$$

$$= (h_i+p_i)\cdot\int_0^\infty (y_i-z)dF_i(z \mid c_i,z_{i-1})$$

$$+ p_i\cdot(E[Z_i \mid c_i,z_{i-1}]-y_i)$$

$$- (h_i+p_i)\cdot\int_{y_i}^\infty (y_i-z)dF_i(z \mid c_i,z_{i-1})$$

$$= (h_i+p_i)\cdot(y_i-E[Z_i \mid c_i,z_{i-1}])+ p_i\cdot(E[Z_i \mid c_i,z_{i-1}]-y_i)$$

$$+ (h_i+p_i)\cdot\int_{y_i}^\infty (z-y_i)dF_i(z \mid c_i,z_{i-1})$$

$$= h_i\cdot(y_i-E[Z_i \mid c_i,z_{i-1}]) + (h_i+p_i)\cdot\int_{y_i}^\infty (z-y_i)dF_i(z \mid c_i,z_{i-1})$$

$$\geq h_i\cdot(y_i+E[Z_i \mid c_i,z_{i-1}] \; .$$

Somit gilt hier:

$$V_i(y_i \mid c_i,z_{i-1}) := c_i\cdot y_i + L_i(y_i \mid c_i,z_{i-1})$$

$$= (c_i+h_i)y_i - h_i\cdot E[Z_i \mid c_i,z_{i-1}]$$

$$+ (h_i+p_i)\cdot\int_{y_i}^\infty (z-y_i)dF_i(z \mid c_i,z_{i-1})$$

$$\geq (c_i+h_i)\cdot y_i - h_i\cdot E[Z_i \mid c_i,z_{i-1}] \; .$$

Unter der bei unserem Modell stets gemachten Voraussetzung, daß sämtliche auftretenden Erwartungswerte, also insbesondere auch die Erwartungswerte $E[Z_i \mid c_i,z_{i-1}]$ existieren, sie also endliche reelle Zahlen sind, $i \in \{1,2,\ldots,n\}$ folgt:

$$\lim_{y_i \to +\infty} V_i(y_i \mid c_i,z_{i-1}) = \infty \quad , \qquad \forall i \in \{1,2,\ldots,n\} \; . \tag{2.124a}$$

2. Fall: $y_i < 0$. Nach (1.28) gilt hier:

$$L_i(y_i \mid c_i, z_{i-1}) = p_i \cdot (E[Z_i \mid c_i, z_{i-1}] - y_i)$$

und somit:

$$(2.125) \quad V_i(y_i \mid c_i, z_{i-1}) := c_i \cdot y_i + L_i(y_i \mid c_i, z_{i-1})$$

$$= (p_i - c_i) \cdot (-y_i) + p_i \cdot E[Z_i \mid c_i, z_{i-1}] .$$

Da nach Voraussetzung die Erwartungswerte $E[Z_i \mid c_i, z_{i-1}]$ endliche reelle Zahlen sind, $i \in \{1,2,\ldots,n\}$ und ferner

$$p_i > c_i \quad , \quad \forall i \in \{1,2,\ldots,n\}$$

gelten sollte, folgt aus (2.125):

$$(2.124b) \quad \lim_{y_i \to -\infty} V_i(y_i \mid c_i, z_{i-1}) = \infty$$

und damit durch Zusammenfassung von (2.124a) und (2.124b) die Behauptung

$$(2.126) \quad \lim_{|y_i| \to \infty} V_i(y_i \mid c_i, z_{i-1}) = \infty .$$

Während also unter der wohl stets erfüllten Voraussetzung (1.23) das Grenzverhalten der $V_i(y_i|c_i, z_{i-1})$ für $y_i \to \infty$ eine direkte Konsequenz der in 1.3 beschriebenen Kostenstrukturen unseres Modells darstellt, also bei Modell A das durch (2.115) beschriebene Grenzverhalten als eine Konsequenz der sinnvollen Kostenstrukturen (1.28) bzw. (1.3o) anzusehen ist, gilt dies bei Modell B nicht. Ist $L_i(y_i|c_i, z_{i-1})$ nach (1.28) definiert und unterscheiden wieder die Fälle $y_i \geq 0$ und $y_i < 0$, so erhalten wir unter Berücksichtigung (2.122) analog zu den vorherigen Überlegungen:

1. Fall: $y_i \geq 0$. Hier ist

$$(2.124)\quad \bar{V}_i(y_i|c_i,z_{i-1}) = (e_{i1}+h_i)\cdot y_i - h_i\cdot E[Z_i|c_i,z_{i-1}] + e_{io} + (h_i+p_i)\cdot \int_{y_i}^{\infty} (z-y_i)dF_i(z|c_i,z_{i-1})$$

$$(e_{i1}+h_i)\cdot y_i - h_i\cdot E[Z_i|c_i,z_{i-1}] + e_{io}\ .$$

2. Fall: $y_i < 0$. Hier gilt:

$$(2.125)\quad \bar{V}_i(y_i|c_i,z_{i-1}) = (p_i-e_{i1})\cdot(-y_i) + p_i\cdot E[Z_i|c_i,z_{i-1}] + e_{io}\ .$$

Da nach Voraussetzung sämtliche auftretenden Erwartungswerte endliche reelle Zahlen sind, entnimmt man (2.124) und (2.125):

Gilt

$$(2.126)\quad \min\{e_{i1}+h_i, p_i-e_{i1}\} > 0 \quad , \quad \forall\, i \in \{1,2,\ldots,n\}$$

und sind die erwarteten Lagerungs- und Fehlbestandskosten $L_i(y_i|c_i,z_{i-1})$ durch (1.28), (1.29) gegeben, so weisen die durch (2.122) erklärten $\bar{V}_i(y_i|c_i,z_{i-1})$ das durch (2.115) charakterisierte Grenzverhalten auf.

3. Struktur einer optimalen Bestellpolitik: Optimalitätsbeweis für Modell B unter den Voraussetzungen von Veinott sowie Aufstellung von Schranken für die Parameter einer optimalen Politik

Unter in mancher Hinsicht allgemeineren Voraussetzungen konnte Veinott [17] die Optimalität einer (s,S)-Politik für ein Lagerhaltungsmodell mit deterministischen Preisen und voneinander unabhängigen identisch verteilten Nachfragen beweisen. Insbesondere braucht bei seiner Vorgangsweise nicht der back-order-case unterstellt zu werden, sondern es ist eine Lagerbilanzgleichung der allgemeinen Form

$$(3.1) \qquad x_{i+1} = g_i(y_i, z_i) \; , \qquad \forall\, i \in \{1,2,\dots,n\}$$

zulässig, wobei lediglich an die Funktionen $g_i(\cdot,\cdot)$ gewisse weitgehend natürliche Forderungen zu stellen sind. Insbesondere genügen die in (1.17') angegebenen Funktionen $g_i(\cdot,\cdot)$ diesen Bedingungen und damit sind die nachfolgenden Überlegungen jedenfalls sowohl für den back-order-case als auch für den lost-sales-case gültig.

Mit den allgemeinen Lagerbilanzgleichungen (3.1) lautet die bei Modell B zugrunde liegende Funktionalgleichung (1.53')

$$(3.2) \quad \bar{f}_{[i,n]}(c_i, x_i, z_{i-1}) = \inf_{\eta_i \geq 0} \Big\{ k_i \cdot \delta(\eta_i) + \bar{V}_i(x_i + \eta_i \mid c_i, z_{i-1}) + \alpha_i \cdot E\Big[\bar{f}_{[i,n]}(C_{i+1}, g_i(x_i+\eta_i, Z_i), Z_i) \mid C_i = c_i, Z_{i-1} = z_{i-1}\Big]$$

$$i \in \{1,2,\dots,n\}$$

mit

$$(3.3) \qquad \bar{f}_{[n+1,n]}(c_{n+1}, x_{n+1}, z_n) := 0$$

als Anfangsbedingung, wobei $\bar{V}_i(y_i \mid c_i, z_{i-1})$ nach (1.5o) definiert ist und wie bereits früher

(3.4) $y_i := x_i + \eta_i \quad , \quad \forall i \in \mathbb{N}$

ist und entsprechend unserer Vereinbarung, daß der Planungszeitraum aus genau n Perioden bestehen soll

(3.5) $k_{n+1} := 0$

zu setzen ist. In leichter Verallgemeinerung der Betrachtungen in Abschnitt 1 wollen wir annehmen, daß gilt:

(3.6) $(\forall \omega \in \Omega)(Z_i(\omega) \in [b_i, \infty[\quad , \quad \forall i \in \{0,1,2,\ldots,n\}$,

d. h. als mögliche Werte der Nachfrage Z_i kommen nur Werte des Intervalls $[b_i, \infty[$ in Frage, wobei auch $b_i < 0$ zulässig ist, $i \in \{1,2,\ldots,n\}$. Ferner gelte wie in Abschnitt 1:

$$(\forall \omega \in \Omega)(C_i(\omega) \in \mathbb{R}_{(\geq 0)}) \quad , \quad \forall i \in \{1,2,\ldots,n+1\}$$

und ansonsten genüge der Preisnachfrageprozeß den in 1.1 formulierten Bedingungen.

Ferner treffen wir auch hier wieder der Einfachheit halber die Annahme (siehe S. 69):

a) Es handelt sich um die Lagerhaltung eines unbeschränkt teilbaren Gutes, ferner seien die Preise ebenfalls unbeschränkt teilbar (kontinuierliches Lagergut und kontinuierliche Preise).
b) Die Preis- und Nachfrageverteilungen seien stetig, ihre Dichten seien bezeichnet mit

$$\psi_{i+1}(c_{i+1} | z_i, c_i) \quad \text{bzw.} \quad \varphi_i(z_i | c_i, z_{i-1}) \; ,$$

d. h. es gelte

$$dG_{i+1}(c_{i+1} | z_i, c_i) = \psi_{i+1}(c_{i+1} | z_i, c_i) dc_{i+1}$$

$$i \in \{1,2,\ldots,n\}$$

sowie

$$dF_i(z_i|c_i,z_{i-1}) = \varphi_i(z_i|c_i,z_{i-1})dz_i \ , \quad i \in \{1,2,\ldots,n\}$$

und

$$dG_1(c_1|z_o) = \psi_1(c_1|z_o)dc_1 \quad ; \quad dF_o(z_o) = \varphi_o(z_o)dz_o \ .$$

Nunmehr machen wir die folgenden Voraussetzungen:

1. a) Für $\forall (c_i,z_{i-1}) \in \mathbb{R}_{(\geq o)} \times \mathbb{R}_{(\geq b_{i-1})}$ ist die Funktion

   $$\bar{V}_i : \mathbb{R} \to \mathbb{R} \text{ mit } y_i \longmapsto \bar{V}_i(y_i|c_i,z_{i-1})$$

   stetig auf $\mathbb{R}$, $i \in \{1,2,\ldots,n\}$.

   b) Für $\forall z_i \in \mathbb{R}_{(\geq b_i)}$ ist die Funktion

   $$g_i : \mathbb{R} \to \mathbb{R} \text{ mit } y_i \longmapsto g_i(y_i,z_i)$$

   stetig auf $\mathbb{R}$, $i \in \{1,2,\ldots,n+1\}$.

2. Für $\forall (c_i,z_{i-1}) \in \mathbb{R}_{(\geq o)} \times \mathbb{R}_{(\geq b_{i-1})}$ gilt:

(3.7) $$\liminf_{y_i \to +\infty} \bar{V}_i(y_i|c_i,z_{i-1}) > \inf_{y_i \in \mathbb{R}} \{\bar{V}_i(y_i|c_i,z_{i-1})\} + \alpha_i \cdot k_{i+1} \ ,$$

$$i \in \{1,2,\ldots,n\} \ .$$

3. Für $\forall (c_i,z_{i-1}) \in \mathbb{R}_{(\geq o)} \times \mathbb{R}_{(\geq b_{i-1})}$ gilt:

(3.8) $$\liminf_{y_i \to -\infty} \bar{V}_i(y_i|c_i,z_{i-1}) > \inf_{y_i \in \mathbb{R}} \{\bar{V}_i(y_i|c_i,z_{i-1})\} + k_i \ ,$$

$$i \in \{1,2,\ldots,n\} \ .$$

4. Für $\forall (c_i,z_{i-1}) \in \mathbb{R}_{(\geq o)} \times \mathbb{R}_{(\geq b_{i-1})}$ ist $-\bar{V}_i(\cdot|c_i,z_{i-1})$ als Funktion von y_i auf $\mathbb{R}$ unimodal, $i \in \{1,2,\ldots,n\}$.

5. a) Für $\forall z_i \in \mathbb{R}_{(\geq b_i)}$ ist $g_i(\cdot, z_i)$ isoton in y_i auf $\mathbb{R}$, $i \in \{1,2,\ldots,n\}$.

b) Für $\forall y_i \in \mathbb{R}$ gilt:

$$(3.9) \qquad \sup_{z_i \in \mathbb{R}_{(\geq b_i)}} \{g_i(y_i, z_i)\} < \infty ,$$

$$i \in \{1,2,\ldots,n\}.$$

6. Für $\forall i \in \{1,2,\ldots,n\}$ gilt:

$$(3.10) \qquad k_i \geq \alpha_i \cdot k_{i+1} .$$

Ist 1. - 3. erfüllt, so gibt es für jedes beliebige $(c_i, z_{i-1}) \in \mathbb{R}_{(\geq 0)} \times \mathbb{R}_{(\geq b_{i-1})}$

a) eine von c_i, z_{i-1} abhängige Zahl $\underline{S}_i(c_i, z_{i-1}) \in \mathbb{R}$ mit der Eigenschaft

$$(3.11) \qquad \bar{V}_i(\underline{S}_i(c_i, z_{i-1}) | c_i, z_{i-1}) = \inf_{y_i \in \mathbb{R}} \{\bar{V}_i(y_i | c_i, z_{i-1})\} ,$$

d. h. es existiert auf $\mathbb{R}$ eine Minimalstelle von $\bar{V}_i(\cdot | c_i, z_{i-1})$ als Funktion von y_i, $i \in \{1,2,\ldots,n\}$,

b) von c_i, z_{i-1} abhängige Zahlen $\underline{s}_i(c_i, z_{i-1}) \in]-\infty, \underline{S}_i(c_i, z_{i-1})]$ bzw. $\bar{S}_i(c_i, z_{i-1}) \in [\underline{S}_i(c_i, z_{i-1}), \infty[$ mit der Eigenschaft:

$$(3.12) \qquad \bar{V}_i(\underline{s}_i(c_i, z_{i-1}) | c_i, z_{i-1}) = \bar{V}_i(\underline{S}_i(c_i, z_{i-1}) | c_i, z_{i-1}) + k_i$$

bzw.

$$(3.13) \qquad \bar{V}_i(\bar{S}_i(c_i, z_{i-1}) | c_i, z_{i-1}) = \bar{V}_i(\underline{S}_i(c_i, z_{i-1}) | c_i, z_{i-1}) + \alpha_i \cdot k_{i+1} ,$$

$$i \in \{1,2,\ldots,n\} .$$

Ist zusätzlich 6. erfüllt, so gibt es für jedes beliebige $(c_i, z_{i-1}) \in \mathbb{R}_{(\geq 0)} \times \mathbb{R}_{(\geq b_{i-1})}$ eine von c_i, z_{i-1} abhängige Zahl $\bar{s}_i(c_i, z_{i-1})$ mit $\bar{s}_i(c_i, z_{i-1}) \in [\underline{s}_i(c_i, z_{i-1}), \underline{S}_i(c_i, z_{i-1})]$, so daß

$$(3.14) \qquad \bar{V}_i(\bar{s}_i(c_i, z_{i-1}) | c_i, z_{i-1}) = \bar{V}_i(\underline{S}_i(c_i, z_{i-1}) | c_i, z_{i-1}) + (k_i - \alpha_i \cdot k_{i+1})$$

gilt, $i \in \{1,2,\ldots,n\}$.

Die Existenz der Zahl $\bar{s}_i(c_i,z_{i-1})$ ergibt sich unmittelbar aus dem Zwischenwertsatz unter Berücksichtigung von (3.12), (3.11), (3.1o) sowie der Stetigkeit von $\bar{V}_i(\cdot|c_i,z_{i-1})$ als Funktion von y_i auf $[\underline{s}_i(c_i,z_{i-1}),\underline{S}_i(c_i,z_{i-1})]$, $i\in\{1,2,\ldots,n\}$.

Die Lage der Zahlen $\underline{s}_i(c_i,z_{i-1}),\bar{s}_i(c_i,z_{i-1}),\underline{S}_i(c_i,z_{i-1}),\bar{S}_i(c_i,z_{i-1})$ zueinander ist in Abb. 3 dargestellt.

Man beachte, daß diese Größen ausschließlich durch die Funktion $\bar{V}_i(\cdot|c_i,z_{i-1})$, die sog. momentanen Lagerhaltungskosten der i-ten Periode bestimmt sind, $i\in\{1,2,\ldots,n\}$. Zum Nachweis der Existenz einer optimalen Politik vom (s,S)-Typ unter gleichzeitiger Angabe von unteren und oberen Schranken für die eine solche Politik bestimmenden Größen $s_i(c_i,z_{i-1}),S_i(c_i,z_{i-1})$ benötigen wir zusätzlich zu 1. - 6. noch die Voraussetzung:

7. Für $\forall\,(c_i,z_{i-1})\in\mathbb{R}_{(\geq 0)}\times\mathbb{R}_{(\geq b_{i-1})}$ und $\forall\,(c_{i+1},z_i)\in\mathbb{R}_{(\geq 0)}\times\mathbb{R}_{(\geq b_i)}$ gilt:

$$(3.15)\qquad g_i(\underline{S}_i(c_i,z_{i-1}),z_i)\leq \underline{S}_{i+1}(c_{i+1},z_i)\quad,\qquad i\in\{1,2,\ldots,n-1\}$$

Unter den Voraussetzungen 1. - 7. werden wir nachweisen, daß eine optimale Politik vom (s,S)-Typ existiert, d. h. es gibt eine Folge von Zahlenpaaren $(s_i(c_i,z_{i-1}),S_i(c_i,z_{i-1}))$, $i\in\{1,2,\ldots,n\}$ mit $s_i(c_i,z_{i-1})\leq S_i(c_i,z_{i-1})$, so daß eine optimale Bestellung η_i^* der i-ten Periode festgelegt ist durch:

$$(3.16)\qquad \eta_i^*(c_i,x_i,z_{i-1}) = \begin{cases} S_i(c_i,z_{i-1})-x_i\ , & \text{falls } x_i< s_i(c_i,z_{i-1}) \\ 0\ , & \text{falls } x_i\geq s_i(c_i,z_{i-1}) \end{cases}$$

$\forall\, i\in\{1,2,\ldots,n\}$. Im Sinne von Abschnitt 1.2 existiert also insbesondere eine optimale Politik, bei welcher die optimale Entscheidung η_i der i-ten Periode nicht von der gesamten Vorgeschichte

$$h_i:=(z_o,x_1,c_1;\eta_1,z_1,x_2,c_2;\ldots,\eta_{i-1},z_{i-1},x_i,c_i)\ ,$$

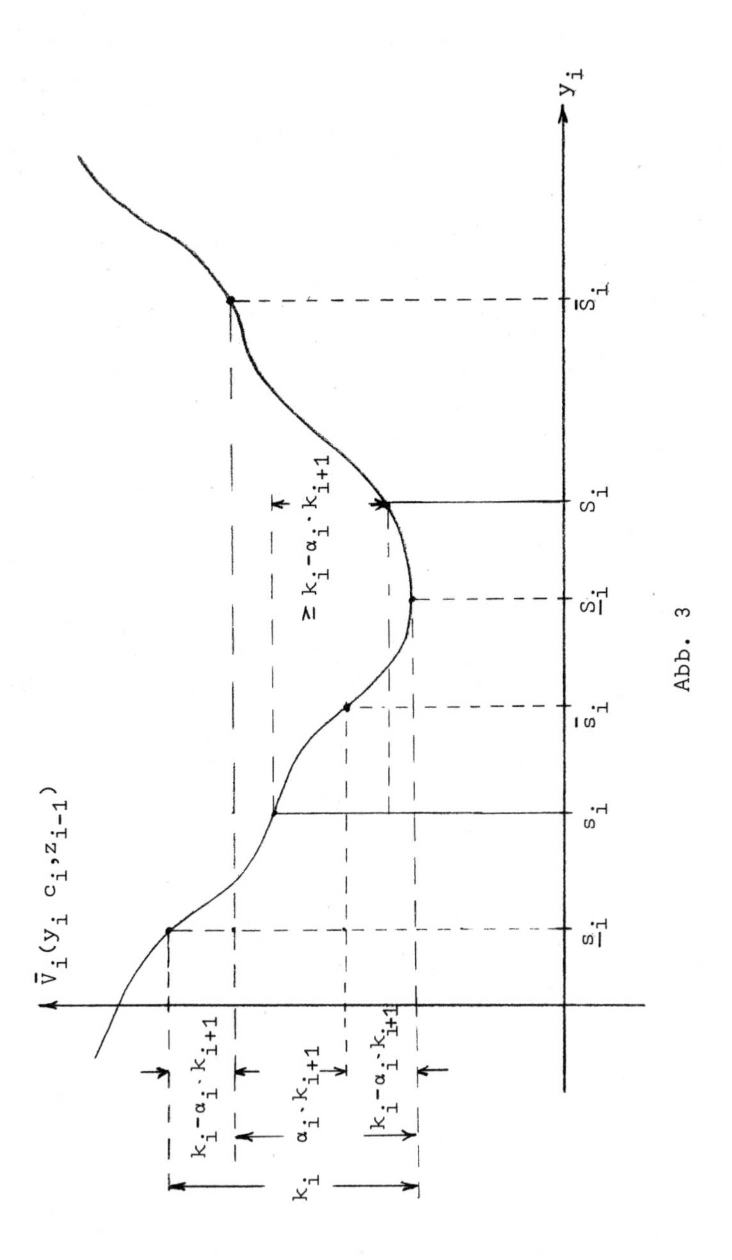

$\bar{V}_i(y_i\ c_i, z_{i-1})$
y_i
$\underline{s}_i$
s_i
$\bar{s}_i$
$\underline{S}_i$
S_i
$\bar{S}_i$
$\geq k_i - \alpha_i \cdot k_{i+1}$
$k_i - \alpha_i \cdot k_{i+1}$
$\alpha_i \cdot k_{i+1}$
$k_i - \alpha_i \cdot k_{i+1}$
k_i

Abb. 3

sondern nur vom Tripel

$$(z_{i-1}, x_i, c_i)$$

abhängt.

Ferner erfüllen die Zahlen $s_i(c_i, z_{i-1}), S_i(c_i, z_{i-1})$ die Bedingungen:

$$(3.17)\quad \underline{s}_i(c_i,z_{i-1}) \le s_i(c_i,z_{i-1}) \le \bar{s}_i(c_i,z_{i-1})$$

$$\le \underline{S}_i(c_i,z_{i-1}) \le S_i(c_i,z_{i-1}) \le \bar{S}_i(c_i,z_{i-1})$$

sowie

$$(3.18)\quad \bar{V}_i(s_i(c_i,z_{i-1})|c_i,z_{i-1}) \ge \bar{V}_i(S_i(c_i,z_{i-1})|c_i,z_{i-1}) + (k_i - \alpha_i \cdot k_{i+1}) \ ,$$

$$i \in \{1,2,\ldots,n\} .$$

Die in (3.17) angegebenen Schranken, welche der Bedingung (3.18) genügen, sind in Abb. 3 wiedergegeben.

Die Ungleichung (3.18) läßt hierbei die folgende Deutung zu: Ist es in der Periode i optimal, ausgehend von dem Lagerbestand x_i zu bestellen, so beträgt die Reduktion der hierbei direkt entstehenden durch $\bar{V}_i(\cdot|c_i,z_{i-1})$ erfaßten Kosten wenigstens $k_i - \alpha_i \cdot k_{i+1}$, $i \in \{1,2,\ldots,n\}$.

Die gegenüber den Betrachtungen von Abschnitt 2.3 sicher hinzugetretene Bedingung 7. sei noch für den in Abschnitt 2.3 betrachteten Spezialfall angeschrieben. Gilt:

$$(3.19)\quad b_i = 0 \quad \text{und} \quad g_i(y_i,z_i) := y_i - z_i \quad , \quad \forall\, i\, \mathbb{N} \ ,$$

liegt also der back-order-case vor, so reduziert sich die Forderung 7. auf die einfachere Forderung:

7. a) Für $\forall\,(c_i,z_{i-1}) \in \mathbb{R}_{(\ge 0)} \times \mathbb{R}_{(\ge 0)}$ und $\forall\,(c_{i+1},z_i) \in \mathbb{R}_{(\ge 0)} \times \mathbb{R}_{(\ge 0)}$ gilt:

$$(3.20)\quad \underline{S}_i(c_i,z_{i-1}) \le \underline{S}_{i+1}(c_{i+1},z_i) \quad , \quad i \in \{1,2,\ldots,n-1\} .$$

Von einer solchen Bedingung war beim Optimalitätsbeweis von Abschnitt 2.3 nicht die Rede.

Andererseits läßt sich aber leicht zeigen, daß die in Abschnitt 2.3 gestellten Bedingungen, also die Voraussetzungen (3.19) (back-order-case) und die Forderungen:

3. Für $\forall (c_i, z_{i-1}) \in \mathbb{R}_{(\geq 0)} \times \mathbb{R}_{(\geq 0)}$ sind die $\bar{V}_i(\cdot | c_i, z_{i-1})$ als Funktionen von y_i auf $\mathbb{R}$ konvex, $i \in \{1,2,...,n\}$.

4. Für $\forall (c_i, z_{i-1}) \in \mathbb{R}_{(\geq 0)} \times \mathbb{R}_{(\geq 0)}$ gilt:

$$\lim_{|y_i| \to \infty} \bar{V}_i(y_i \; c_i, z_{i-1}) = \infty \quad , \quad i \in \{1,2,...,n\}$$

sowie die dort gestellte Forderung (3.1o) die Gültigkeit der jetzigen Bedingungen 1. - 6. nach sich ziehen, aber das Umgekehrte gilt nicht. Speziell kann $-\bar{V}_i(\cdot | c_i, z_{i-1})$ als Funktion von y_i auf $\mathbb{R}$ unimodal sein, ohne daß $\bar{V}_i(\cdot | c_i, z_{i-1})$ als Funktion von y_i auf $\mathbb{R}$ konvex sein muß, siehe Abb. 3. Insofern sind also die Voraussetzungen von Abschnitt 2.3 stärker als die jetzigen, allerdings benötigten wir beim Optimalitätsbeweis von Abschnitt 2.3 nicht die Voraussetzung 7. Somit ist weder das Resultat von Abschnitt 2.3, also insbesondere Satz 2, ein Spezialfall der jetzt herzuleitenden Resultate, insbesondere also Satz 3, noch gilt das Umgekehrte.

Als Beispiel für die Bedeutung der Bedingung 7. betrachten wir den Spezialfall eines Preis-Nachfrage-Prozesses, bei dem die (C_{i+1}, Z_i), $i \in \{0,1,...,n-1\}$ identisch verteilt sind, bei dem also entsprechend der Charakterisierung in Abschnitt 1.1 gilt:

$$G_{i+1}(c_{i+1} | z_i, c_i) = G(c_{i+1} | z_i, c_i) \quad , \quad \forall i \in \{1,2,...,n-1\}$$

$$F_i(z_i | c_i, z_{i-1}) = F(z_i | c_i, z_{i-1}) \quad , \quad \forall i \in \{1,2,...,n\}$$

sowie

$$G_1(c_1|z_o) = G(c_1|z_o) \quad \text{und} \quad F_o(z_o) = F(z_o) \; .$$

Ferner gelte (3.19) sowie:

$$\alpha_i := \alpha \quad \text{und} \quad \ell_i(y_i,c_i,z_i) := \ell(y_i,c_i,z_i)$$

$$\forall i \in \{1,2,\ldots,n\} \; .$$

Dann gilt

$$(3.21) \qquad \bar{V}_i(y_i|c_i,z_{i-1}) = \bar{V}(y_i|c_i,z_{i-1}) \quad , \quad \forall i \in \{1,2,\ldots,n-1\} \; ,$$

so daß wegen (3.11)

$$(3.22) \qquad \underline{S}_i(c_i,z_{i-1}) = \underline{S}(c_i,z_{i-1}) \quad , \quad \forall i \in \{1,2,\ldots,n-1\}$$

ist. Gilt zusätzlich

$$(3.23) \qquad G_{n+1}(c_{n+1}|z_n,c_n) = G(c_{n+1}|z_n,c_n) \; ,$$

so gilt auch

$$(3.24) \qquad \bar{V}_n(y_n|c_n,z_{n-1}) = \bar{V}(y_n|c_n,z_{n-1})$$

und damit wieder nach (3.11):

$$(3.25) \qquad \underline{S}_n(c_n,z_{n-1}) = \underline{S}(c_n,z_{n-1}) \; .$$

Wegen (3.22) und (3.25) ist damit die Forderung 7., welche unter den Modellvoraussetzungen (3.19) auf (3.2o) führt, erfüllt.

Gilt hingegen anstelle von (3.23):

$$(3.26) \qquad G_{n+1}(c_{n+1}|z_n,c_n) \neq G(c_{n+1}|z_n,c_n) \; ,$$

was zum Beispiel der Fall ist, wenn

(3.27) $\qquad G_{n+1}(0|z_n,c_n) = 1$

gelten soll, also der Restlagerbestand X_{n+1} am Ende des Planungszeitraums verloren geht (Modell A), so gilt

$$(3.28)\quad \bar{V}_n(y_n|c_n,z_{n-1}) = \bar{V}(y_n|c_n,z_{n-1})$$
$$+\alpha\cdot\left\{\int_0^\infty\int_0^\infty c_{n+1}\cdot(y_n-z_n)dG(c_{n+1}|z_n,c_n)dF(z_n|c_n,z_{n-1})\right.$$
$$\left.-\int_0^\infty\int_0^\infty c_{n+1}\cdot(y_n-z_n)dG_{n+1}(c_{n+1}|z_n,c_n)dF(z_n|c_n,z_{n-1})\right\}$$

also insbesondere im Falle (3.27):

$$\bar{V}_n(y_n|c_n,z_{n-1}) = \bar{V}(y_n|c_n,z_{n-1})$$
$$+\alpha\cdot\int_0^\infty\int_0^\infty c_{n+1}\cdot(y_n-z_n)\cdot dG(c_{n+1}|z_n,c_n)dF(z_n|c_n,z_{n-1}) \ .$$

Ist also

$$\alpha\cdot\left\{\int_0^\infty\int_0^\infty c_{n+1}dG(c_{n+1}|z_n,c_n)dF(z_n|c_n,z_{n-1})\right.$$
$$\left.-\int_0^\infty\int_0^\infty c_{n+1}\cdot dG_{n+1}(c_{n+1}|z_n,c_n)dF(z_n|c_n,z_{n-1})\right\} > 0$$

oder speziell im Falle (3.27):

$$\alpha\cdot\int_0^\infty\int_0^\infty c_{n+1}\ dG(c_{n+1}|z_n,c_n)dF(z_n|c_n,z_{n-1}) > 0 \ ,$$

so dürfte im Normalfall $\underline{S}(c_n,z_{n-1}) > \underline{S}_n(c_n,z_{n-1})$ gelten, so daß die Bedingung 7. für i:= n nicht erfüllt ist.

Für eine "stationäre Version" unseres Modells sind nun sowohl die Annahme (3.23) als auch die Annahme (3.27) sinnvoll. Es ist also festzuhalten, daß unter der Annahme (3.23) die Gültigkeit von Bedingung 7. sichergestellt ist, wogegen dies bei der Annahme (3.27) nicht zu gelten braucht. Allerdings entfallen diese

Unterschiede zwischen den beiden "stationären" Modellen, falls die Anzahl der Planungsperioden gegen unendlich strebt. Im Falle eines Modells mit unendlichem Planungshorizont sind also die jetzigen Annahmen 1. - 7. wirklich schwächer als diejenigen von Abschnitt 2.3.

Die wesentlichen Überlegungen des in Abschnitt 2.3 vorgeführten Optimalitätsbeweises beruhte auf der Tatsache, daß die k_i-Konvexität von $\bar{W}_i(\cdot|c_i,z_{i-1})$ als Funktion von y_i auf $\mathbb{R}$ diejenige von $\bar{f}_{[i,n]}(c_i,\cdot,z_{i-1})$ als Funktion von x_i auf $\mathbb{R}$ nach sich zieht. Dieses Beweisprinzip ist unter den jetzigen Voraussetzungen nicht anwendbar, da jetzt die $\bar{W}_i(\cdot|c_i,z_{i-1})$ als Funktionen von y_i auf $\mathbb{R}$ nicht notwendig k_i-konvex sein müssen. Aber selbst, wenn vorausgesetzt würde, daß die $\bar{V}_i(\cdot|c_i,z_{i-1})$ den Bedingungen 3. und 4. aus Abschnitt 3.2 genügen würden, wäre z. B. das Beweisprinzip von Hilfssatz 9 nicht anwendbar, da unter den jetzigen Voraussetzungen 1. b) und 5. $g_i(\cdot\ ,z_i)$ als Funktion von y_i auf $\mathbb{R}$ nicht linear zu sein braucht, womit nicht - wie beim Beweis von Hilfssatz 9 - auf die in Hilfssatz 3, Teil 2, formulierte Eigenschaft k_i-konvexer Funktionen zurückgegriffen werden kann.

Der jetzige Beweis hingegen basiert in wesentlicher Weise auf Eigenschaften, welche direkt solchen Funktionen $\bar{f}_{[i,n]}(c_i,\cdot,z_{i-1})$ bzw. $W_i(\cdot|c_i,z_{i-1})$ der Variablen x_i bzw. y_i auf $\mathbb{R}$ zukommen, welche den Funktionalgleichungen (3.2), (3.3) sowie den rekursiven Definitionsgleichungen

$$(3.29)\qquad \bar{W}_i(y_i|c_i,z_{i-1}) = \bar{V}_i(y_i|c_i,z_{i-1}) + \alpha_i \cdot E\left[\bar{f}_{[i+1,n]}(C_{i+1},g_i(y_i,Z_i),Z_i)\,|\,C_i=c_i,Z_{i-1}=z_{i-1}\right]$$

genügen.

Wir beginnen mit

Hilfssatz 13:
Genügen $\bar{f}_{[i,n]}(c_i,x_i,z_{i-1})$ bzw. $\bar{W}_i(y_i|c_i,z_{i-1})$ den Gleichungen (3.2) bzw. (3.29), so gilt:

1. Für $\forall(c_i,z_{i-1})\in \mathbb{R}_{(\geq o)}\times \mathbb{R}_{(\geq b_{i-1})}$ gilt:

$$(3.3o)\quad (\forall x'_i,x''_i \in \mathbb{R})(x'_i \leq x''_i \Longrightarrow \bar{f}_{[i,n]}(c_i,x'_i,z_{i-1})$$

$$\leq \bar{f}_{i,n}(c_i,x''_i,z_{i-1})+k_i)$$

$$i\in\{1,2,\ldots,n\}\ .$$

2. Ist die Bedingung 5. erfüllt, so gilt für $\forall(c_i,z_{i-1})\in \mathbb{R}_{(\geq o)}\times \mathbb{R}_{(\geq b_{i-1})}$:

$$(3.31)\quad (\forall y'_i,y''_i \in \mathbb{R})(y'_i \leq y''_i \Longrightarrow \bar{W}_i(y''_i|c_i,z_{i-1})-\bar{W}_i(y'_i|c_i,z_{i-1})$$

$$\geq \bar{V}_i(y''_i|c_i,z_{i-1})-\bar{V}_i(y'_i|c_i,z_{i-1})-\alpha_i\cdot k_{i+1})$$

$$i\in\{1,2,\ldots,n\}\ .$$

Beweis:
1. Es sei $(c_i,z_{i-1})\in \mathbb{R}_{(\geq o)}\times \mathbb{R}_{(\geq b_{i-1})}$ beliebig, aber fest.

Ist $x'_i \leq x''_i$, so folgt aus (3.2) und (3.29):

$$(3.32)\quad \bar{f}_{[i,n]}(c_i,x'_i,z_{i-1}) \leq k_i + \inf_{\eta_i\geq 0}\{\bar{W}_i(x'_i+\eta_i|c_i,z_{i-1})\}$$

$$\leq k_i + \inf_{\eta_i\geq 0}\{\bar{W}_i(x''_i+\eta_i|c_i,z_{i-1})\}$$

$$\leq k_i+\bar{f}_{[i,n]}(c_i,x''_i,z_{i-1})\ ,$$

$i\in\{1,2,\ldots,n\}$, womit die Gültigkeit von (3.3o) nachgewiesen ist.

2. Es sei $(c_i, z_{i-1}) \in \mathbb{R}_{(\geq o)} \times \mathbb{R}_{(\geq b_{i-1})}$ beliebig, aber fest. Ist $y_i' \leq y_i''$, so gilt wegen 5.:

$$(3.33) \quad (\forall Z_i \in \mathbb{R}_{(\geq b_i)})(g_i(y_i', Z_i) \leq g_i(y_i'', Z_i)) .$$

Wegen (3.29), (3.2) und (3.3o) folgt daher:

$$(3.34) \quad \bar{W}_i(y_i''|c_i, z_{i-1}) - \bar{W}_i(y_i'|c_i, z_{i-1})$$

$$= \bar{V}_i(y_i''|c_i, z_{i-1}) - \bar{V}_i(y_i'|c_i, z_{i-1})$$

$$+ \alpha_i \cdot E\Big[\bar{f}_{[i+1,n]}(C_{i+1}, g_i(y_i'', Z_i), Z_i)$$

$$- \bar{f}_{[i+1,n]}(C_{i+1}, g_i(y_i', Z_i), Z_i) \,|\, C_i = c_i, Z_{i-1} = z_{i-1}\Big]$$

$$\geq \bar{V}_i(y_i''|c_i, z_{i-1}) - \bar{V}_i(y_i'|c_i, z_{i-1}) - \alpha_i \cdot k_{i+1} ,$$

$i \in \{1,2,\ldots,n\}$. Bei der letzten Umformung wurde auch die Monotonie des Erwartungswertoperators benutzt.

Anmerkung 1:
Die Beweise von (3.3o) und (3.31) sind - ebenso wie die meisten dieser Arbeit - rein analytisch. Ein anderer Beweis für (3.3o) läßt sich entsprechend der folgenden Argumentation führen, die ebenfalls zu einem exakten Beweis ausgestaltet werden kann. Ist x_i' der "disponible" Lagerbestand zu Beginn der i-ten Periode, bestellt man jedoch in jeder Periode j, $j \in \{i, i+1, \ldots, n\}$ so viel, daß der disponible Lagerbestand nach der Bestellung ein Niveau besitzt, welches optimal wäre, falls der ursprüngliche Lagerbestand zu Beginn der i-ten Periode x_i'', $x_i'' \geq x_i'$ gewesen wäre, so können die zugehörigen erwarteten diskontierten Kosten den Wert $\bar{f}_{[i,n]}(c_i, x_i'', z_{i-1}) + k_i$ nicht überschreiten.

Aber da die soeben beschriebene Politik jedenfalls nicht besser sein kann als eine vom disponiblen Lagerbestand zu Beginn der i-ten Periode ausgehende optimale Politik, muß die Implikation (3.3o) gelten. Mittels einer ähnlichen Argumentation läßt sich auch die Gültigkeit der Implikation (3.31) nachweisen.

Hilfssatz 14:
Ist die Voraussetzung 5. erfüllt und ist $(a_j), j \in \mathbb{N}$ eine Folge von Zahlen, für die gilt:

(3.35) $(\forall j \in \{i,i+1,\ldots,n\})(\forall z_j \in \mathbb{R}_{(\geq b_j)})(g_j(a_j,z_j) \leq a_{j+1})$,

ist ferner für $\forall\, j \in \{i,i+1,\ldots,n\}$ und beliebige $(c_j,z_{j-1}) \in \mathbb{R}_{(\geq o)} \times \mathbb{R}_{(\geq b_{j-1})}$ $\bar{V}_j(\cdot|c_j,z_{j-1})$ als Funktion von y_j auf $]-\infty,a_j]$ antiton, so gilt für $\forall\, j \in \{i,i+1,\ldots,n\}$, $(c_j,z_{j-1}) \in \mathbb{R}_{(\geq o)} \times \mathbb{R}_{(\geq b_{j-1})}$:

(3.36) $(\forall y_j \in\,]-\infty,a_j])(\forall y_j' \in [y_j,a_j])(\bar{W}_j(y_j'|c_j,z_{j-1})-\bar{W}_j(y_j|c_j,z_{j-1})$

$\leq \bar{V}_j(y_j'|c_j,z_{j-1})-\bar{V}_j(y_j|c_j,z_{j-1}))$

sowie
(3.37) $(\forall x_j \in\,]-\infty,a_j])(\forall x_j' \in [x_j,a_j])(\bar{f}_{[j,n]}(c_j,x_j',z_{j-1})$

$-\bar{f}_{[j,n]}(c_j,x_j,z_{j-1}) \leq 0)$.

Beweis:
Der Nachweis von (3.36) und (3.37) wird durch vollständige Induktion bezüglich j erbracht.

1. Induktionsverankerung:
   Für i:= n folgt aus (3.29) wegen der Anfangsbedingung (3.3) sofort:

$$(3.38)\quad \bar{W}_n(y_n | c_n, z_{n-1}) = \bar{V}_n(y_n | c_n, z_{n-1})$$

$$+\alpha_n \cdot E\left[\bar{f}_{[n+1,n]}(C_{n+1}, g_n(y_n, Z_n), Z_n) \mid C_n = c_n, Z_{n-1} = z_{n-1}\right]$$

$$= \bar{V}_n(y_n | c_n, z_{n-1})$$

und damit ist (3.36) für $j := n$ trivialerweise erfüllt.

Weiter folgt unter Berücksichtigung der für $j := n$ bereits nachgewiesenen Beziehung (3.36), daß für $\forall x_n \in]-\infty, a_n]$, $\forall x_n' \in [x_n, a_n]$ gilt:

$$(3.39)\quad \bar{f}_{[n,n]}(c_n, x_n, z_{n-1}) := \inf_{\eta_n \geq 0} \{k_n \cdot \delta(\eta_n) + \bar{W}_n(x_n + \eta_n | c_n, z_{n-1})\}$$

$$= \min\{\bar{W}_n(x_n | c_n, z_{n-1}); k_n + \inf_{\eta_n > 0} \{\bar{W}_n(x_n + \eta_n | c_n, z_{n-1})\}$$

$$\geq \min\{\bar{W}_n(x_n' | c_n, z_{n-1}); k_n + \inf_{\eta_n > 0} \{\bar{W}_n(x_n' + \eta_n | c_n, z_{n-1})\}$$

$$= \bar{f}_{[n,n]}(c_n, x_n, z_{n-1}),$$

womit auch (3.37) für $j := n$ erfüllt ist.

2. Induktionsschluß:
   Es werde angenommen, daß (3.36) und (3.37) für $j+1$, $j+1 \in \{i+1, \ldots, n\}$, gelte.

   Gilt $y_j' \in [y_j, a_j]$, ist also $y_j \leq y_j' \leq a_j$, so muß nach Voraussetzung 5. sowie (3.35) gelten:

$$(3.4o)\quad g_j(y_j, Z_j) \leq g_j(y_j', Z_j) \leq g_j(a_j, Z_j) \leq a_{j+1}, \quad \forall Z_j \in \mathbb{R}_{(\geq b_j)}.$$

   Somit folgt unter Benutzung von (3.37) für $j+1$, daß für $\forall y_j \in]-\infty, a_j]$, $\forall y_j' \in [y_j, a_j]$ gilt:

$$(3.41)\quad \bar{W}_j(y_j'|c_j,z_{j-1})-\bar{W}_j(y_j|c_j,z_{j-1})$$

$$= \bar{V}_j(y_j'|c_j,z_{j-1})-\bar{V}_j(y_j|c_j,z_{j-1})$$

$$+\alpha_j\cdot E\Big[\bar{f}_{[j+1,n]}(C_{j+1},g_j(y_j',Z_j),Z_j)$$

$$-\bar{f}_{[j+1,n]}(C_{j+1},g_j(y_j,Z_j),Z_j)\Big|C_j=c_j,Z_{j-1}=z_{j-1}\Big]$$

$$\leq \bar{V}_j(y_j'|c_j,z_{j-1})-\bar{V}_j(y_j|c_j,z_{j-1}) \quad ,$$

womit (3.36) für j nachgewiesen ist.

Beachtet man dies, so folgt weiter, daß für $\forall x_j \in\,]-\infty,a_j]$, $\forall x_j' \in [x_j,a_j]$ gilt:

$$(3.42)\quad \bar{f}_{[j,n]}(c_j,x_j,z_{j-1})$$

$$:= \inf_{\eta_j\geq 0}\{k_j\cdot\delta(\eta_j)+\bar{W}_j(x_j+\eta_j|c_j,z_{j-1})\}$$

$$= \min\{\bar{W}_j(x_j|c_j,z_{j-1});k_j+\inf_{\eta_j>0}\{\bar{W}_j(x_j+\eta_j|c_j,z_{j-1})\}\}$$

$$\min\{\bar{W}_j(x_j'|c_j,z_{j-1});k_j+\inf_{\eta_j>0}\{\bar{W}_j(x_j'+\eta_j|c_j,z_{j-1})\}\}$$

$$= \bar{f}_{[j,n]}(c_j,x_j',z_{j-1}) \quad ,$$

womit auch (3.37) als gültig für die natürliche Zahl j nachgewiesen ist. Da unsere Beweisführung beliebiges, aber festes $(c_j,z_{j-1})\in \mathbb{R}_{(\geq 0)}\times\mathbb{R}_{(\geq b_{j-1})}$ gültig ist, $j\in\{1,2,\ldots,n\}$, ist damit Hilfssatz 14 bewiesen.

Anmerkung 2:
Auch der Nachweis von (3.36) und (3.37) ist rein analytisch. Ein anderer Beweis von (3.37) läßt sich entsprechend der nachstehenden Argumentation führen, die sich ebenfalls zu einem exakten Beweis ausbauen läßt.

Es werde angenommen, daß der disponible Anfangsbestand der j-ten Periode $x_j^!$ sei. Ferner werde angenommen, daß jeweils solche Mengen des Gutes bestellt werden, daß der disponible Anfangslagerbestand nach der Bestellung in jeder Periode k, $k \in \{j,j+1,...,n\}$ auf ein Niveau gebracht wird, das möglichst nahe demjenigen Niveau ist, welches das optimale Niveau wäre, falls der disponible Anfangslagerbestand der j-ten Periode gleich x, $x \leq x'$ wäre. Mit dieser Politik sind erwartete diskontierte Kosten verbunden, welche wegen der vorausgesetzten Antitonie von $\bar{V}_j(\cdot \mid c_j,z_{j-1})$ als Funktionen von y_j auf $]-\infty,a_j]$, $\forall j \in \{i,i+1,...,n\}$ jedenfalls nicht größer als $\bar{f}_{[j,n]}(c_j,x_j,z_{j-1})$ sein können. Die mit der beschriebenen Politik verbundenen erwarteten diskontierten Kosten können aber auch nicht kleiner als $\bar{f}_{[j,n]}(c_j,x_j^!,z_{j-1})$ sein. Durch Kombination dieser beiden Überlegungen erhält man (3.37). Mittels einer ähnlichen Argumentation läßt sich auch die Gültigkeit von (3.36) nachweisen.

Hilfssatz 15:
Sind die Bedingungen 1. - 7. erfüllt, so gilt:
1. Für $\forall (c_i,z_{i-1}) \in \mathbb{R}_{(\geq o)} \times \mathbb{R}_{(\geq b_{i-1})}$ ist $\bar{W}_i(\cdot \mid c_i,z_{i-1})$ als Funktion von y_i auf $]-\infty, \underline{S}_i(c_i,z_{i-1})]$ antiton, $i \in \{1,2,...,n\}$.

2. Für $\forall (c_i,z_{i-1}) \in \mathbb{R}_{(\geq o)} \times \mathbb{R}_{(\geq b_{i-1})}$ existiert eine von c_i,z_{i-1} abhängige Zahl $S_i(c_i,z_{i-1})$ mit

(3.43) $$\min_{y\in[\underline{S}_i(c_i,z_{i-1}),\bar{S}_i(c_i,z_{i-1})]}\left\{\bar{W}_i(y_i|c_i,z_{i-1})\right\} = \bar{W}_i(S_i(c_i,z_{i-1})|c_i,z_{i-1})$$

und insbesondere sind also wegen

(3.44) $$\underline{S}_i(c_i,z_{i-1}) \leq S_i(c_i,z_{i-1}) \leq \bar{S}_i(c_i,z_{i-1}) ,$$

die beiden letzten Ungleichungen von (3.17) erfüllt. Für die nach (3.43) bestimmte Zahl $S_i(c_i,z_{i-1})$ gilt:

(3.45) $$\min_{y_i\in\mathbb{R}}\left\{\bar{W}_i(y_i|c_i,z_{i-1})\right\} = \bar{W}_i(S_i(c_i,z_{i-1})|c_i,z_{i-1}) ,$$

d. h. $S_i(c_i,z_{i-1})$ ist eine absolute Minimalstelle von $\bar{W}_i(\cdot|c_i,z_{i-1})$ als Funktion von y_i auf $\mathbb{R}$, $i\in\{1,2,\ldots,n\}$.

3. Für $\forall(c_i,z_{i-1})\in\mathbb{R}_{(\geq o)}\times\mathbb{R}_{(\geq b_{i-1})}$ existiert eine von c_i,z_{i-1} abhängige Zahl $s_i(c_i,z_{i-1})$, welche den Ungleichungen (3.17) und (3.18) genügt und für die

(3.46) $$\bar{W}_i(S_i(c_i,z_{i-1})|c_i,z_{i-1})+k_i-\bar{W}_i(s_i,z_{i-1})|c_i,z_{i-1}) = 0$$

sowie

(3.18) $$\bar{V}_i(s_i(c_i,z_{i-1})|c_i,z_{i-1}) \geq \bar{V}_i(S_i(c_i,z_{i-1})|c_i,z_{i-1})+(k_i-\alpha_i\cdot k_{i+1})$$

gilt.

Beweis:

1. Für $\forall(c_i,z_{i-1})\in\mathbb{R}_{(\geq o)}\times\mathbb{R}_{(\geq b_{i-1})}$ ist nach Voraussetzung 4. $\bar{V}_i(\cdot|c_i,z_{i-1})$ als Funktion von y_i auf $]-\infty, \underline{S}_i(c_i,z_{i-1})]$ antiton, $i\in\{1,2,\ldots,n\}$. Ist die Bedingung 7. erfüllt, so folgt aus Hilfssatz 14 sofort, daß für $\forall j\in\{i,i+1,\ldots,n\}$

$\bar{W}_j(\cdot|c_j,z_{j-1})$ als Funktion von y_j auf $]-\infty,\underline{S}_j(c_j,z_{j-1})]$ antiton ist, und damit ist die Behauptung insbesondere für j:= i bewiesen.

Beim Beweis der Behauptungen 2. und 3. machen wir davon Gebrauch, daß für $\forall (c_i,z_{i-1}) \in \mathbb{R}_{(\geq 0)} \times \mathbb{R}_{(\geq b_{i-1})}$ die $\bar{W}_i(\cdot|c_i,z_{i-1})$ als Funktionen von y_i auf $\mathbb{R}$ stetig sind, $i \in \{1,2,\ldots,n\}$. Den zugehörigen Beweis hierfür werden wir in Hilfssatz 16 nachtragen.

2. Da nach Hilfssatz 16 für $\forall (c_i,z_{i-1}) \in \mathbb{R}_{(\geq 0)} \times \mathbb{R}_{(\geq b_{i-1})}$ $\bar{W}_i(\cdot|c_i,z_{i-1})$ als Funktion von y_i auf $\mathbb{R}$ stetig ist, nimmt $\bar{W}_i(\cdot|c_i,z_{i-1})$ als Funktion von y_i auf dem endlichen, abgeschlossenen Intervall $[\underline{S}_i(c_i,z_{i-1}),\bar{S}_i(c_i,z_{i-1})]$ ihr Minimum an. Es existiert also eine von c_i,z_{i-1} abhängige Stelle $S_i(c_i,z_{i-1})$ mit

$$S_i(c_i,z_{i-1}) \in [\underline{S}_i(c_i,z_{i-1}),\bar{S}_i(c_i,z_{i-1})]$$

und

$$\min_{y_i \in [\underline{S}_i(c_i,z_{i-1}),\bar{S}_i(c_i,z_{i-1})]} \left\{\bar{W}_i(y_i|c_i,z_{i-1})\right\} = \bar{W}_i(S_i(c_i,z_{i-1})|c_i,z_{i-1}) \quad ,$$

womit der erste Teil von Behauptung 2., also (3.44), (3.45) bewiesen ist.

Um auch (3.46) zu beweisen, beachten wir, daß wegen der bereits nachgewiesenen Behauptung 1. sowie der Definition (3.43) von $S_i(c_i,z_{i-1})$ jedenfalls gilt:

$$\min_{y_i \in]-\infty,\bar{S}_i(c_i,z_{i-1})]} \left\{\bar{W}_i(y_i|c_i,z_{i-1})\right\} = \bar{W}_i(S_i(c_i,z_{i-1})|c_i,z_{i-1}) \quad . \tag{3.47}$$

Ferner gilt nach Hilfssatz 13.2., Voraussetzung 4. sowie der Definition von $\bar{S}_i(c_i,z_{i-1})$, daß für

$\forall (c_i,z_{i-1}) \in \mathbb{R}_{(\geq 0)} \times \mathbb{R}_{(\geq b_{i-1})}$ und $\forall y_i \in [\bar{S}_i(c_i,z_{i-1}),\infty[$ gilt:

$$(3.48)\quad \bar{W}_i(y_i|c_i,z_{i-1})-W_i(\underline{S}_i(c_i,z_{i-1})|c_i,z_{i-1})$$

$$\geq \bar{V}_i(y_i|c_i,z_{i-1})-\bar{V}_i(\underline{S}_i(c_i,z_{i-1})|c_i,z_{i-1})-\alpha_i\cdot k_{i+1}$$

$$\geq \bar{V}_i(\bar{S}_i(c_i,z_{i-1})|c_i,z_{i-1})-\bar{V}_i(\underline{S}_i(c_i,z_{i-1})|c_i,z_{i-1})-\alpha_i\cdot k_{i+1} = 0 ,$$

$i \in \{1,2,\ldots,n\}$. (3.47) und (3.48) ergeben zusammen die Behauptung (3.45).

3. Nach Hilfssatz 14, Gleichung (3.43), sowie den Definitionen von $\underline{S}_i(c_i,z_{i-1})$ und $\underline{s}_i(c_i,z_{i-1})$ gilt für

$\forall (c_i,z_{i-1}) \in \mathbb{R}_{(\geq 0)} \times \mathbb{R}_{(\geq b_{i-1})}$:

$$(3.49)\quad \bar{W}_i(S_i(c_i,z_{i-1})|c_i,z_{i-1})+k_i-\bar{W}_i(\underline{s}_i(c_i,z_{i-1})|c_i,z_{i-1})$$

$$\leq \bar{W}_i(\underline{S}_i(c_i,z_{i-1})|c_i,z_{i-1})+k_i-\bar{W}_i(\underline{s}_i(c_i,z_{i-1})|c_i,z_{i-1})$$

$$\leq \bar{V}_i(\underline{S}_i(c_i,z_{i-1})|c_i,z_{i-1})+k_i-\bar{V}_i(\underline{s}_i(c_i,z_{i-1})|c_i,z_{i-1}) = 0 .$$

Andererseits gilt nach Hilfssatz 13 2. sowie den Definitionen von $\underline{S}_i(c_i,z_{i-1})$ und $\bar{s}_i(c_i,z_{i-1})$ für

$\forall (c_i,z_{i-1}) \in \mathbb{R}_{(\geq 0)} \times \mathbb{R}_{(\geq b_{i-1})}$:

$$(3.50)\quad \bar{W}_i(S_i(c_i,z_{i-1})|c_i,z_{i-1})+k_i-\bar{W}_i(\bar{s}_i(c_i,z_{i-1})|c_i,z_{i-1})$$

$$\geq \bar{V}_i(S_i(c_i,z_{i-1})|c_i,z_{i-1})-\bar{V}_i(\bar{s}_i(c_i,z_{i-1})|c_i,z_{i-1})+k_i-\alpha_i\cdot k_{i+1}$$

$$\geq \bar{V}_i(\underline{S}_i(c_i,z_{i-1})|c_i,z_{i-1})-\bar{V}_i(\bar{s}_i(c_i,z_{i-1})|c_i,z_{i-1})+k_i-\alpha_i\cdot k_{i+1} = 0.$$

Da nach Hilfssatz 16 für $\forall (c_i, z_{i-1}) \in \mathbb{R}_{(\geq 0)} \times \mathbb{R}_{(\geq b_{i-1})}$ $\bar{W}_i(\cdot | c_i, z_{i-1})$ als Funktion von y_i jedenfalls auf $[\underline{s}_i(c_i, z_{i-1}), \bar{s}_i(c_i, z_{i-1})]$ stetig ist, folgt nach dem Zwischenwertsatz die Existenz einer von c_i, z_{i-1} abhängigen Stelle $s_i(c_i, z_{i-1}) \in [\underline{s}_i(c_i, z_{i-1}), \bar{s}_i(c_i, z_{i-1})]$, welche also der Ungleichung (3.17) genügt, und für die (3.46) gilt.

Nach (3.46) und Hilfssatz 13 2. ist weiter

$$(3.51)\quad 0 = \bar{W}_i(S_i(c_i, z_{i-1}) | c_i, z_{i-1}) + k_i - \bar{W}_i(s_i(c_i, z_{i-1}) | c_i, z_{i-1})$$

$$\geq \bar{V}_i(S_i(c_i, z_{i-1}) | c_i, z_{i-1}) - \bar{V}_i(s_i(c_i, z_{i-1}) | c_i, z_{i-1}) + k_i - \alpha_i \cdot k_{i+1}$$

womit auch die Gültigkeit der Ungleichung (3.18) bewiesen ist.

Bevor wir zur Formulierung und zum Beweis von Hilfssatz 16 übergehen, erscheinen einige Bemerkungen angebracht. Zunächst können die Funktionalgleichungen (3.2) wegen (3.29) in der Form

$$(3.52)\quad \bar{f}_{[i,n]}(c_i, x_i, z_{i-1}) = \inf_{\eta_i \geq 0} \{k_i \cdot \delta(\eta_i) + \bar{W}_i(x_i + \eta_i | c_i, z_{i-1})\}\ ,$$

$$i \in \{1, 2, \ldots, n\}$$

geschrieben werden. In Satz 3 werden wir nachweisen, daß unter den Voraussetzungen 1. - 7. durch die in den Hilfssätzen 14 und 15 konstruierte Folge der Paare

$$(s_i(c_i, z_{i-1}), S_i(c_i, z_{i-1}))\quad ,\quad i \in \{1, 2, \ldots, n\}$$

eine optimale Bestellpolitik vom (s,S)-Typ gemäß

$$\eta_i^*(c_i,x_i,z_{i-1}) = \begin{cases} S_i(c_i,z_{i-1})-x_i & , \text{ falls } x_i < s_i(c_i,z_{i-1}) \\ 0 & , \text{ falls } x_i \geq s_i(c_i,z_{i-1}) \end{cases},$$

$\forall i \in \{1,2,\ldots,n\}$, festgelegt ist. Aus (3.52) folgt somit:

$$(3.53)\quad \bar{f}_{[i,n]}(c_i,x_i,z_{i-1}) = \begin{cases} k_i+\bar{W}_i(S_i(c_i,z_{i-1})|c_i,z_{i-1}) , \\ \qquad \text{falls } x_i < s_i(c_i,z_{i-1}) \\ \bar{W}_i(x_i|c_i,z_{i-1}) , \\ \qquad \text{falls } x_i \geq s_i(c_i,z_{i-1}) \end{cases},$$

$\forall\, i \in \{1,2,\ldots,n\}$.

Nunmehr wenden wir uns zu dem

Hilfssatz 16:
Sind die Voraussetzungen 1. - 7. erfüllt, so gilt für beliebige, aber feste $(c_i,z_{i-1}) \in \mathbb{R}_{(\geq 0)} \times \mathbb{R}_{(\geq b_{i-1})}$:

Als Funktionen von y_i sind die $\bar{W}_i(\cdot|c_i,z_{i-1})$ auf $\mathbb{R}$ stetig, $i \in \{1,2,\ldots,n\}$.

Beweis:
Der Beweis von Hilfssatz 16 wird durch vollständige Induktion geführt, wobei auf die Definitionsgleichungen (3.29) für $\bar{W}_i(y_i|c_i,z_{i-1})$ sowie auf die Funktionalgleichungen (3.52) zurückgegriffen wird.

1. Induktionsverankerung:
   Für $i:= n$ erhält man aus (3.29) wegen der Anfangsbedingung (3.3):

$$(3.54)\qquad \bar{W}_n(y_n|c_n,z_{n-1}) = \bar{V}_n(y_n|c_n,z_{n-1}) .$$

Nach Voraussetzung 1. ist für beliebige, aber feste $(c_n, z_{n-1}) \in \mathbb{R}_{(\geq o)} \times \mathbb{R}_{(\geq b_{n-1})}$ $\bar{V}_n(\cdot | c_n, z_{n-1})$ als Funktion von y_n auf $\mathbb{R}$ stetig und wegen (3.54) gilt somit dasselbe für $\bar{W}_n(\cdot | c_n, z_{n-1})$ als Funktion von y_n auf $\mathbb{R}$.

2. Induktionsschluß:
   Wir nehmen an, die Behauptung sei für i:= j+1 richtig, d. h. für alle $(c_{j+1}, z_j) \in \mathbb{R}_{(\geq o)} \times \mathbb{R}_{(\geq b_j)}$ sei $\bar{W}_{j+1}(\cdot | c_{j+1}, z_j)$ als Funktion von y_{j+1} auf $\mathbb{R}$ stetig. Nach Satz 3 - angewandt auf die (j+1)-te Periode - muß dann in der (j+1)-ten Periode eine optimale durch $(s_{j+1}(c_{j+1}, z_j), S_{j+1}(c_{j+1}, z_j))$ charakterisierte Politik vom (s,S)-Typ existieren, aus der Funktionalgleichung (3.52) für i:= j+1 folgt also:

$$
(3.55) \quad \bar{f}_{[j+1,n]}(c_{j+1}, x_{j+1}, z_j) = \begin{cases} k_{j+1} + \bar{W}_{j+1}(S_{j+1}(c_{j+1}, z_j) | c_{j+1}, z_j) , & \text{falls } x_{j+1} < s_{j+1}(c_{j+1}, z_j) \\ \bar{W}_{j+1}(x_{j+1} | c_{j+1}, z_j) , & \text{falls } x_{j+1} \geq s_{j+1}(c_{j+1}, z_j) \end{cases}
$$

ist. Da nach Voraussetzung für alle $(c_{j+1}, z_j) \in \mathbb{R}_{(\geq o)} \times \mathbb{R}_{(\geq b_j)}$ $\bar{W}_{j+1}(\cdot | c_{j+1}, z_j)$ als Funktion von y_{j+1} auf $\mathbb{R}$ stetig ist und nach Gleichung (3.46) für i:= j+1

$$
\bar{W}_{j+1}(s_{j+1}(c_{j+1}, z_j) | c_{j+1}, z_j) = \bar{W}_{j+1}(S_{j+1}(c_{j+1}, z_j) | c_{j+1}, z_j) ,
$$

$$
\forall (c_{j+1}, z_j) \in \mathbb{R}_{(\geq o)} \times \mathbb{R}_{(\geq b_j)}
$$

gilt, ist nach (3.55) $\bar{f}_{[j+1,n]}(c_{j+1}, \cdot, z_j)$ als Funktion von x_{j+1} auf $\mathbb{R}$ stetig.

Nun gilt nach (3.29) für i:= j:

$$(3.56)\quad \bar{W}_j(y_j | c_j, z_{j-1}) = \bar{V}_j(y_j | c_j, z_{j-1}) + \alpha_j \cdot E\left[\bar{f}_{[j+1,n]}(C_{j+1}, g_j(y_j, Z_j), Z_j) \,|\, C_j = c_j, Z_{j-1} = z_{j-1}\right].$$

Da nach Voraussetzung 1. für alle $(c_j, z_{j-1}) \in \mathbb{R}_{(\geq 0)} \times \mathbb{R}_{(\geq b_{j-1})}$ $\bar{V}_j(\cdot | c_j, z_{j-1})$ als Funktion von y_j auf $\mathbb{R}$ stetig ist, haben wir den Nachweis erbracht, wenn wir zeigen können, daß für alle $(c_j, z_{j-1}) \in \mathbb{R}_{(\geq 0)} \times \mathbb{R}_{(\geq b_{j-1})}$ die durch

$$\bar{H}_{j+1}: \mathbb{R} \to \mathbb{R} \text{ mit } y_j \longmapsto \bar{H}_{j+1}(y_j | c_j, z_{j-1})$$

und

$$(3.57)\quad \bar{H}_{j+1}(y_j | c_j, z_{j-1}) := E\left[\bar{f}_{[j+1,n]}(C_{j+1}, y_j - Z_j, Z_j) \,|\, C_j = c_j, Z_{j-1} = z_{j-1}\right]$$

definierte Funktion von y_j auf jedem endlichen Intervall $[c,d]$ stetig ist.

Nach Voraussetzung 1. b) ist nun für $\forall\, z_j \in \mathbb{R}_{(\geq b_j)}$, $g_j(\cdot, z_j)$ als Funktion von y_j auf $\mathbb{R}$ stetig. Wegen der vorhin bewiesenen Stetigkeit von $\bar{f}_{[j+1,n]}(c_{j+1}, \cdot, z_j)$ als Funktion von x_{j+1} auf $\mathbb{R}$ ist für alle $(c_{j+1}, z_j) \in \mathbb{R}_{(\geq 0)} \times \mathbb{R}_{(\geq b_j)}$ die verkettete Funktion

$$\bar{f}_{[j+1,n]}(c_{j+1}, g_j(\cdot, z_j), z_j)$$

als Funktion von y_j auf $\mathbb{R}$ stetig. Mittels des Konvergenzsatzes von Lebesque (Satz von der majorisierten Konvergenz) für bedingte Erwartungswerte folgt daher aus (3.57), daß für beliebige, aber feste $(c_j, z_{j-1}) \in \mathbb{R}_{(\geq 0)} \times \mathbb{R}_{(\geq b_{j-1})}$ $\bar{H}_{j+1}(\cdot | c_j, z_{j-1})$ als Funktion von y_j auf jedem endlichen Intervall $[c,d]$ stetig ist, wenn nachgewiesen werden kann, daß Funktionen $\bar{w}^{(u)}_{j+1}(\cdot,\cdot)$ und $\bar{w}^{(o)}_{j+1}(\cdot,\cdot)$ der Variablen c_{j+1}, z_j existieren mit

(3.58) $\bar{w}^{(u)}_{j+1}(c_{j+1},z_j) \leq \bar{f}_{[j+1,n]}(c_{j+1},g_j(y_j,z_j),z_j) \leq \bar{w}^{(o)}_{j+1}(c_{j+1},z_j)$,

$$\forall (c_{j+1},z_j,y_j) \in \mathbb{R}_{(\geq o)} \times \mathbb{R}_{(\geq b_j)} \times [c,d]$$

und

(3.59) $E\left[\bar{w}^{(u)}_{j+1}(C_{j+1},Z_j) \mid C_j = c_j, Z_{j-1} = z_{j-1}\right] < \infty$

sowie

(3.6o) $E\left[\bar{w}^{(o)}_{j+1}(C_{j+1},Z_j) \mid C_j = c_j, Z_{j-1} = z_{j-1}\right] < \infty$.

Wir zeigen nun, daß eine Zahl $K \in \mathbb{R}$ existiert, so daß für alle $(c_{j+1},z_j,y_j) \in \mathbb{R}_{(\geq o)} \times \mathbb{R}_{(\geq b_j)} \times [c,d]$ gilt:

(3.61) $\bar{W}_{j+1}(S_{j+1}(c_{j+1},z_j) \mid c_{j+1},z_j)$

$$\leq \bar{f}_{[j+1,n]}(c_{j+1},g_j(y_j,z_j),z_j) \leq \bar{f}_{[j+1,n]}(c_{j+1},K,z_j) + k_{j+1} ,$$

woraus die behaupteten Schranken zu

(3.62) $\bar{w}^{(u)}_{j+1}(c_{j+1},z_j) := \bar{W}_{j+1}(S_{j+1}(c_{j+1},z_j) \mid c_{j+1},z_j)$

bzw.

(3.63) $\bar{w}^{(o)}_{j+1}(c_{j+1},z_j) := \bar{f}_{[j+1,n]}(c_{j+1},K,z_j) + k_{j+1}$

entnommen werden können.

Daß die bedingten Erwartungswerte (3.59), (3.6o) der Schranken (3.62) und (3.63) existieren, ist aufgrund unserer allgemeinen Modellvoraussetzungen sichergestellt. Somit ist nur noch die Gültigkeit der zweiseitigen Ungleichung (3.61) nachzuweisen.

Die Gültigkeit der linken Ungleichung (3.61) ist eine unmittelbare Konsequenz von (3.55) sowie (3.45).

Da für $\forall y_j \in [c,d]$ und $\forall z_j \in \mathbb{R}_{(\geq b_j)}$ nach Voraussetzung 5. gilt:

$$g_j(y_j,z_j) \leq g_j(d,z_j) \leq K := \sup_{z_j \in \mathbb{R}_{(\geq b_j)}} \{g_j(d,z_j)\} < \infty ,$$

wobei also K eine gewisse Konstante mit $K \in \mathbb{R}$ bezeichnet, erhält man aus Hilfssatz 13.1. sofort die Gültigkeit der rechten Ungleichung (3.61). Damit ist Hilfssatz 16 bewiesen.

Insbesondere unter Benutzung von Hilfssatz 15 kann jetzt nachgewiesen werden, daß auch unter den Voraussetzungen 1. - 7. eine optimale (s,S)-Politik existiert.

Satz 3:
Sind die Bedingungen 1. - 7. erfüllt, so existiert eine optimale Bestellpolitik $\eta^*_{[1,n]} := (\eta^*_1, \eta^*_2, \dots, \eta^*_n)$ vom Typ $(s_i(c_i, z_{i-1}), S_i(c_i, z_{i-1}))$, $i \in \{1,2,\dots,n\}$, d. h. für $\forall\, i \in \{1,2,\dots,n\}$ gilt für die $\eta^*_i(c_i, x_i, z_{i-1})$:

$$(3.64) \quad \eta^*_i(c_i, x_i, z_{i-1}) = \begin{cases} S_i(c_i, z_{i-1}) - x_i \ , & \text{falls } x_i < s_i(c_i, z_{i-1}) \\ 0 \ , & \text{falls } x_i \geq s_i(c_i, z_{i-1}) \end{cases} .$$

Ferner genügen die Bestellparameter $s_i(c_i, z_{i-1}), S_i(c_i, z_{i-1}))$ den Bedingungen (3.17) und (3.18), $i \in \{1,2,\dots,n\}$.

Beweis:
Setzen wir

$$(3.65) \quad \bar{H}_i(\eta_i \mid c_i, x_i, z_{i-1}) = k_i \cdot \delta(\eta_i) + \bar{W}_i(x_i + \eta_i \mid c_i, z_{i-1}) \ , \quad i \in \{1,2,\dots,n\} \ ,$$

so lauten die Funktionalgleichungen (3.52):

$$(3.66) \quad \bar{f}_{[i,n]}(c_i, x_i, z_{i-1}) = \inf_{\eta_i \geq 0} \{\bar{H}_i(\eta_i \mid c_i, x_i, z_{i-1})\} \ , \quad i \in \{1,2,\dots,n\} \ .$$

Die Behauptung von Satz 3 läuft somit darauf hinaus, nachzuweisen, daß $\bar{H}_i(\cdot|c_i,x_i,z_{i-1})$ als Funktion von η_i auf $\mathbb{R}_{(\geq 0)}$ ihren Minimalwert an der durch (3.64) festgelegten Stelle $\eta_i^*(c_i,x_i,z_{i-1})$ annimmt, $i \in \{1,2,\ldots,n\}$.

Zum Nachweis dieser Behauptung treffen wir eine Fallunterscheidung.

Fall 1: $x_i \in \,]-\infty,\, s_i(c_i,z_{i-1})]$

a) Für $\eta_i = 0$ gilt nach (3.65) sowie wegen Hilfssatz 14, (3.36) und Hilfssatz 15.3.:

$$(3.67)\quad \begin{aligned} \bar{H}_i(0|c_i,x_i,z_{i-1}) &= \bar{W}_i(x_i|c_i,z_{i-1}) \\ &\geq \bar{W}_i(s_i(c_i,z_{i-1})|c_i,z_{i-1}) \\ &= \bar{W}_i(S_i(c_i,z_{i-1})|c_i,z_{i-1})+k_i \\ &= \bar{H}_i(S_i(c_i,z_{i-1})-x_i|c_i,x_i,z_{i-1}) \,. \end{aligned}$$

b) Für $\eta_i \in \mathbb{R}_{(>0)}$ gilt nach (3.65) sowie Hilfssatz 1:

$$(3.68)\quad \begin{aligned} \bar{H}_i(\eta_i|c_i,x_i,z_{i-1}) &= k_i+\bar{W}_i(x_i+\eta_i|c_i,z_{i-1}) \\ &\geq k_i+\min_{\eta_i\geq 0}\{\bar{W}_i(x_i+\eta_i|c_i,z_{i-1})\} \\ &= k_i+\bar{W}_i(S_i(c_i,z_{i-1})|c_i,z_{i-1}) \\ &= \bar{H}_i(S_i(c_i,z_{i-1})-x_i|c_i,x_i,z_{i-1}) \,. \end{aligned}$$

Zusammenfassend entnimmt man aus (3.67), (3.66) unter Berücksichtigung von (3.64):

$$\min_{\eta_i \in \mathbb{R}_{(\geq 0)}}\{\bar{H}_i(\eta_i|c_i,x_i,z_{i-1})\} = \bar{H}_i(\eta_i^*(c_i,x_i,z_{i-1})|c_i,x_i,z_{i-1}) \,.$$

Fall 2: $x_i \in [s_i(c_i,z_{i-1}), \underline{S}_i(c_i,z_{i-1})]$

Für $\eta_i \in \mathbb{R}_{(>0)}$ gilt nach (3.65) sowie wegen Hilfssatz 14, (3.36) und Hilfssatz 15.2. und 3.:

$$\begin{aligned}
\bar{H}_i(0|c_i,x_i,z_{i-1}) &= \bar{W}_i(x_i|c_i,z_{i-1}) \\
&\leq \bar{W}_i(s_i(c_i,z_{i-1})|c_i,z_{i-1}) \\
&= k_i+\bar{W}_i(S_i(c_i,z_{i-1})|c_i,z_{i-1}) \\
&= k_i+\min_{\eta_i \in \mathbb{R}_{(\geq 0)}} \{\bar{W}_i(x_i+\eta_i|c_i,z_{i-1})\} \\
&\leq k_i+\bar{W}_i(x_i+\eta_i|c_i,z_{i-1}) \\
&= \bar{H}_i(\eta_i|c_i,x_i,z_{i-1}) .
\end{aligned}$$

Für alle $\eta_i \in \mathbb{R}_{(\geq 0)}$ gilt somit:

$$\bar{H}_i(0|c_i,x_i,z_{i-1}) \leq \bar{H}_i(\eta_i|c_i,x_i,z_{i-1}) ,$$

und hieraus folgt unter Berücksichtigung von (3.64) wieder:

$$\min_{\eta_i \in \mathbb{R}_{(\geq 0)}} \{\bar{H}_i(\eta_i|c_i,x_i,z_{i-1})\} = \bar{H}_i(\eta_i^*(c_i,x_i,z_{i-1})|c_i,x_i,z_{i-1})$$

Fall 3: $x_i \in [\underline{S}_i(c_i,z_{i-1}),\infty[$

Für $\eta_i \in \mathbb{R}_{(>0)}$ gilt nach (3.65) sowie wegen Hilfssatz 13, (3.31) und der Voraussetzungen 4. und 6.:

$$\bar{H}(\eta_i|c_i,x_i,z_{i-1})-\bar{H}(0|c_i,x_i,z_{i-1})$$

$$= k_i+\bar{W}_i(x_i+\eta_i|c_i,z_{i-1})-\bar{W}_i(x_i|c_i,z_{i-1})$$

$$\geq k_i+\bar{V}_i(x_i+\eta_i|c_i,z_{i-1})-\bar{V}_i(x_i|c_i,z_{i-1})-\alpha_i\cdot k_{i+1}$$

$$= \bar{V}_i(x_i+\eta_i|c_i,z_{i-1})-\bar{V}_i(x_i|c_i,z_{i-1})+(k_i-\alpha_i\cdot k_{i+1})\geq 0$$

und damit ist für alle $\eta_i \in \mathbb{R}_{(\geq o)}$

$$\bar{H}_i(\eta_i|c_i,x_i,z_{i-1})\geq \bar{H}_i(0|c_i,x_i,z_{i-1}) \ .$$

Aus dieser letzten Ungleichung folgt unter Berücksichtigung von (3.64):

$$\min_{\eta_i \in \mathbb{R}_{(\geq o)}} \{\bar{H}_i(\eta_i|c_i,x_i,z_{i-1})\} = \bar{H}_i(\eta_i^*(c_i,x_i,z_{i-1})|c_i,x_i,z_{i-1})$$

Damit ist Satz 3 vollständig bewiesen.

In rekursiver Weise haben wir eine Lösung der Funktionalgleichung (3.2) konstruiert, bei der das Infimum bezüglich η_i, $\eta_i \in \mathbb{R}_{(\geq o)}$ für jedes Tripel $(c_i,x_i,z_{i-1}) \in \mathbb{R}_{(\geq o)} \times \mathbb{R} \times \mathbb{R}_{(\geq b_{i-1})}$ tatsächlich angenommen wird.

Wir wollen noch kurz auf die Frage eingehen, ob der hier vorgetragene Beweis, bei dem ja gleichzeitig Schranken für die Parameter einer optimalen Politik vom (s,S)-Typ mit konstruiert wurden, auch gültig ist unter den Voraussetzungen, die unseren Überlegungen in Abschnitt 2.3 zugrunde liegen.

In Abschnitt 2.3 haben wir die Existenz einer optimalen Politik vom (s,S)-Typ bewiesen unter den Voraussetzungen:

1! $g_i(y_i,z_i) := z_i - y_i$, $\forall\, i \in \{1,2,\ldots,n\}$

2! Für $\forall (c_i,z_{i-1}) \in \mathbb{R}_{(\geq 0)} \times \mathbb{R}_{(\geq b_{i-1})}$ sind die $\bar{V}_i(\cdot | c_i,z_{i-1})$ als Funktionen von y_i auf $\mathbb{R}$ konvex, $\forall\, i \in \{1,2,\ldots,n\}$.

3! Für $\forall (c_i,z_{i-1}) \in \mathbb{R}_{(\geq 0)} \times \mathbb{R}_{(\geq b_{i-1})}$ gilt:

$$\lim_{|y_i| \to \infty} \bar{V}_i(y_i | c_i,z_{i-1}) = \infty \quad , \quad \forall\, i \in \{1,2,\ldots,n\} .$$

4! $k_i \geq \alpha_i \cdot k_{i+1}$, $\forall\, i \in \{1,2,\ldots,n\}$,

wobei wir hier in leichter Verallgemeinerung von Abschnitt 1 und 2 die Wertebereiche der Zufallsvariablen Z_i gemäß (3.6) zugrunde gelegt haben.

Bereits auf S. 95 hatten wir bemerkt, daß die Gültigkeit der Bedingungen 1! - 4! diejenige der Bedingungen 1. - 6. nach sich zieht. Bedingung 7. würde wegen 1! und (3.6) jetzt lauten:

5! Für $\forall (c_i,z_{i-1}) \in \mathbb{R}_{(\geq 0)} \times \mathbb{R}_{(\geq b_{i-1})}$ und $\forall (c_{i+1},z_i) \in \mathbb{R}_{(\geq 0)} \times \mathbb{R}_{(\geq b_i)}$ gilt:

$$(3.69) \quad \underline{S}_i(c_i,z_{i-1}) \leq \underline{S}_{i+1}(c_{i+1},z_i) + z_i \quad , \quad i \in \{1,2,\ldots,n\} .$$

Die Bedingungen 1! - 4! ziehen aber im allgemeinen nicht die Gültigkeit der Bedingung 5! nach sich. Ist nun die Bedingung 5! bzw. 7. nicht erfüllt, so brauchen die Aussagen (3.35), (3.36) von Hilfssatz 14 nicht zu gelten, und dasselbe gilt für alle Überlegungen bei Hilfssatz 15, die ihrerseits die Gültigkeit von Hilfssatz 14 benutzen. Überprüft man die einzelnen Beweisschritte von Hilfssatz 15, so erkennt man, daß die unteren Schranken für $s_i(c_i,z_{i-1})$ und $S_i(c_i,z_{i-1})$ in (3.17) keine Gültigkeit mehr zu haben brauchen, wenn die Voraussetzung 5! - bzw. 7. - nicht erfüllt ist. Der Grund hierfür ist unmittelbar einsichtig: Nehmen wir z. B. an, daß

(3.7o) $(\forall\ \omega \in \Omega)(Z_{n-1}(\omega) \geq 0)$

und

(3.71) $Pr(Z_{n-1} < \underline{S}_{n-1}(c_{n-1}, z_{n-2}) - \underline{S}_n(C_n, Z_{n-1}) \mid C_{n-1} = c_{n-1}, Z_{n-2} = z_{n-2}) > 0$

ist, so kann die Bedingung 5! nicht erfüllt sein.

Aus (1.51) für i:= n-1 erhält man nun:

(3.72) $\bar{\bar{f}}_{[n-1,n]}(c_{n-1}, x_{n-1}, z_{n-2} \mid \eta_{[n-1,n]})$

$= k_{n-1} \cdot \delta(\eta_{n-1}) + \bar{V}_{n-1}(x_{n-1} + \eta_{n-1} \mid c_{n-1}, z_{n-2})$

$+ \alpha_{n-1} \cdot E\left[\bar{\bar{f}}_{[n,n]}(C_n, x_{n-1} + \eta_{n-1} - Z_{n-1}, Z_{n-1} \mid \eta_{[n,n]}) \mid C_{n-1} = c_{n-1}, Z_{n-2} = z_{n-2}\right]$

$= k_{n-1} \cdot \delta(\eta_{n-1}) + \bar{V}_{n-1}(x_{n-1} + \eta_{n-1} \mid c_{n-1}, z_{n-2})$

$+ \alpha_{n-1} \cdot E\left[\bar{V}_n(x_{n-1} + \eta_{n-1} + \eta_n - Z_{n-1} \mid C_n, Z_{n-1}) \mid C_{n-1} = c_{n-1}, Z_{n-2} = z_{n-2}\right].$

Ist (3.7o), (3.71) erfüllt, so erkennt man aus (3.72), daß es nicht wünschenswert ist, in der (n-1)-ten Periode den Lagerbestand auf ein Niveau von $\underline{S}_{n-1}(c_{n-1}, z_{n-2})$ (oder höher) aufzufüllen, wenn für $\forall (c_n, z_{n-1}) \in \mathbb{R}_{(>0)} \times \mathbb{R}_{(\geq 0)}$ $\bar{V}_n(\cdot \mid c_n, z_{n-1})$ als Funktion von y_n im Intervall $[\underline{S}_n(c_n, z_{n-1}), \underline{S}_{n-1}(c_{n-1}, z_{n-2})]$ hinreichend starkt wächst. Der Grund hierfür ist darin zu sehen, daß den relativ niedrigen erwarteten Kosten in der (n-1)-ten Periode extrem hohe erwartete Kosten in der n-ten Periode gegenüberstehen.

Wenn nun die Voraussetzungen 1! - 4! erfüllt sind - also die Annahmen von Scarf gelten - die Voraussetzung 5! jedoch nicht erfüllt sein sollte, so läßt sich hier auch die Erfüllung der Voraussetzung 5! durch Einführung neuer unterer Schranken erreichen: Es sei

$$(3.73)\quad \underset{\sim}{S}_i(c_i,z_{i-1}) := \begin{cases} \underline{S}_n(c_n,z_{n-1}) , & \text{falls } i = n \\ \min\{\underline{S}_i(c_i,z_{i-1}); \underset{\sim}{S}_{i+1}(c_{i+1},z_i)+b_i\} , & \text{falls } i \in \{1,2,\dots,n-1\} \end{cases} .$$

Wegen 1!, also

$$g_i(y_i,z_i) = y_i - z_i \quad , \quad \forall i \in \{1,2,\dots,n\} ,$$

lautet die Bedingung 7. hier, geschrieben mit den eingeführten Größen $\underset{\sim}{S}_i(c_i,z_{i-1}), \underset{\sim}{S}_{i+1}(c_i,z_{i-1})$:

$$g_i(\underset{\sim}{S}_i(c_i,z_{i-1})) = \underset{\sim}{S}_i(c_i,z_{i-1}) - z_i \le \underset{\sim}{S}_{i+1}(c_{i+1},z_i) ,$$

d. h.

$$(3.74)\quad \underset{\sim}{S}_i(c_i,z_{i-1}) \le \underset{\sim}{S}_{i+1}(c_{i+1},z_i)+z_i \quad ,$$

und weil gilt: $(\forall\, \omega \in \Omega)(Z_i(\omega) \in [\, b_i,\infty[)$ ist mit den nach (3.73) konstruierten Größen $\underset{\sim}{S}_i(c_i,z_{i-1}), \underset{\sim}{S}_{i+1}(c_{i+1},z_i)$ die Bedingung (3.74) - also die Bedingung 7. - stets erfüllt, $i \in \{1,2,\dots,n\}$.

Weiter sei $\underset{\sim}{s}_i(c_i,z_{i-1})$ so gewählt, daß

$$(3.75)\quad \underset{\sim}{s}_i(c_i,z_{i-1}) \le \min\{\underline{s}_i(c_i,z_{i-1}), \underset{\sim}{S}_i(c_i,z_{i-1})\}$$

und

$$(3.76)\quad \bar{V}_i(\underset{\sim}{s}_i(c_i,z_{i-1}) \mid c_i,z_{i-1}) = \bar{V}_i(\underset{\sim}{S}_i(c_i,z_{i-1}) \mid c_i,z_{i-1}) + k_i$$

ist, $i \in \{1,2,\dots,n\}$.

Dann gilt der

Satz 4:

Unter den Voraussetzungen 1. - 4. - also den Voraussetzungen von Abschnitt 2.3 - existiert eine optimale Bestellpolitik vom Typ $(s_i(c_i,z_{i-1}), S_i(c_i,z_{i-1}))$, $i \in \{1,2,\dots,n\}$, welche der Bedingung (3.17) sowie den Ungleichungen:

$$(3.77) \qquad \begin{array}{l} \underset{\sim}{s}_i(c_i,z_{i-1}) \leq s_i(c_i,z_{i-1}) \leq \bar{s}_i(c_i,z_{i-1}) \\ \underset{\sim}{S}_i(c_i,z_{i-1}) \leq S_i(c_i,z_{i-1}) \leq \bar{S}_i(c_i,z_{i-1}) \end{array} \quad , \forall i \in \{1,2,\ldots,n\}$$

genügt.

Beweis:
Da der Beweis von Satz 4 genau demjenigen von Satz 3 entspricht, können wir uns hier kurz fassen. Gewisse Änderungen entstehen nur bei Hilfssatz 15. Die Gültigkeit der in Hilfssatz 15 angegebenen oberen Schranken für $s_i(c_i,z_{i-1})$ und $S_i(c_i,z_{i-1})$ sowie der Ungleichung (3.18) läßt sich in genau derselben Weise zeigen wie dort.

Wie bei Hilfssatz 15 läßt sich die Gültigkeit der unteren Schranken für $s_i(c_i,z_{i-1})$ und $S_i(c_i,z_{i-1})$ nachweisen dadurch, daß man Hilfssatz 14 mit $a_j := \underset{\sim}{S}_j(c_j,z_{j-1})$ für alle $j \in \{1,2,\ldots,n\}$ in genau der gleichen Weise benutzt, wie dies beim Beweis von Hilfssatz 15 bereits geschah.

Es sei noch bemerkt, daß für den Fall, daß die Voraussetzung 7. - oder also hier die Voraussetzung 5! - erfüllt ist,nach (3.73) zunächst

$$\underset{\sim}{S}_i(c_i,z_{i-1}) = \underline{S}_i(c_i,z_{i-1}) \quad , \quad \forall i \in \{1,2,\ldots,n\}$$

gilt und damit nach (3.75) auch

$$\underset{\sim}{s}_i(c_i,z_{i-1}) = \underline{s}_i(c_i,z_{i-1}) \quad , \quad \forall i \in \{1,2,\ldots,n\}$$

gilt, so daß die Beziehungen (3.77) in (3.17) übergehen.

4. Modelle mit Lieferverzögerung

Bei den bisherigen Modellen gingen wir von einer momentanen Lieferung aus, die Lieferzeit wurde also gleich Null bzw. als praktisch vernachlässigbar vorausgesetzt. Hier wollen wir jetzt annehmen, daß die Lieferzeit λ ein ganzzahliges Vielfaches der Periodenlänge, die wir ja gleich 1 voraussetzten, sei: $\lambda \in \mathbb{N}$. Eine zu Beginn der j-ten Periode, d. h. im Zeitpunkt t_{j-1} aufgegebene Bestellung U_j trifft also zu Beginn der $(j+\lambda)$-ten Periode, d. h. im Zeitpunkt $t_{j-1+\lambda}$ im Lager ein und kann damit die Lagerungs- und Fehlbestandskosten erst ab der Periode $j+\lambda$ beeinflussen. Damit werden die zu Beginn der 1-ten, 2-ten, ..., n-ten Periode, also zu den Zeitpunkten

$$t_o, t_1, \ldots, t_{n-1}$$

getroffene Bestellentscheidungen

$$U_1, U_2, \ldots, U_n$$

die Lagerungs- und Fehlbestandskosten ab der λ-ten, $(\lambda+1)$-ten, ..., $(\lambda+n)$-ten Periode

$$[t_{\lambda-1}, t_\lambda], [t_\lambda, t_{\lambda+1}], \ldots, [t_{n-1+\lambda}, t_{n+\lambda}]$$

beeinflussen.

Setzen wir voraus, daß die mit einer Bestellentscheidung verbundenen Beschaffungskosten zum Zeitpunkt der Aufgabe dieser Bestellung fällig werden, so setzen sich die durch eine in den Perioden 1, 2, ..., n auszuübende Bestellpolitik beeinflußbaren erwarteten Kosten zusammen aus

1. den erwarteten Beschaffungskosten der Perioden $1,2,\ldots,n$;
2. den erwarteten Lagerungs- und Fehlbestandskosten der Perioden $\lambda,\lambda+1,\ldots,\lambda+n$

sowie

3. dem mit negativem Vorzeichen versehenen Erwartungswert des Erlöses bzw. den erwarteten Kosten, welcher bzw. welche zu Beginn der (n+1)-ten Periode durch Verkauf bzw. Beschaffung zum Preis C_{n+1} je Mengeneinheit des am Ende der $(\lambda+n)$-ten Periode noch vorhandenen Lagerbestandes bzw. Fehlbestandes.

Die bereits eingeführten Bezeichnungen wollen wir im wesentlichen beibehalten, ferner sollen die sonstigen Vereinbarungen über den Preis-Nachfrage-Prozeß wieder gelten.

Es sei also C_j der Preis, zu dem zu Beginn der Periode j eine Mengeneinheit des Gutes eingekauft werden kann, Z_j die Nachfrage der Periode j, U_j die zu Beginn der j-ten Periode, also im Zeitpunkt t_{j-1} aufgegebene Bestellung, welche zu Beginn der $(j+\lambda)$-ten Periode, also im Zeitpunkt $t_{j-1+\lambda}$ im Lager eintrifft, α_j der Diskontfaktor der j-ten Periode, $\hat{X}_j$ der Lagerbestand (Buchbestand) zu Beginn der j-ten Periode, also zum Zeitpunkt t_{j-1} und <u>vor</u> Eintreffen einer zum Zeitpunkt $t_{j-1-\lambda}$ aufgegebenen Bestellung $U_{j-\lambda}$, $\hat{Y}_j = \hat{X}_j + U_{j-\lambda}$ der Lagerbestand (Buchbestand) zu Beginn der j-ten Periode, also im Zeitpunkt t_{j-1} <u>nach</u> Eintreffen einer zum Zeitpunkt $t_{j-1-\lambda}$ aufgegebenen Bestellung $U_{j-\lambda}$ sowie $\ell_j(\hat{Y}_j, C_j, Z_j)$ die Lagerungs- und Fehlbestandskosten der j-ten Periode.

Ferner sei

$$\eta_{[i,n]} := (\eta_i, \eta_{i+1}, \ldots, \eta_n) \quad , \quad i \in \{1,2,\ldots,n\}$$

eine vorgegebene Bestellpolitik der Perioden i,i+1,...,n. Um die nachfolgenden Überlegungen übersichtlich formulieren zu können, treffen wir die Vereinbarung

$$\eta_j := 0 \qquad \text{für } j \in \mathbb{Z} \setminus \mathbb{N}$$

4.1 Modelle mit Vormerkung der Nachfrage

Es werde vorausgesetzt, daß unbefriedigte Nachfrage vorgemerkt wird. Mit

$$(4.1) \qquad g_j(\hat{Y}_j, Z_j) := \hat{Y}_j - Z_j \quad , \quad \forall j \in \mathbb{N}$$

lautet dann die Lagerbilanzgleichung:

$$(4.2) \qquad \hat{X}_{j+1} = \hat{Y}_j - Z_j \quad , \quad \forall j \in \mathbb{N} \; .$$

Bezeichnen wir die erwarteten Gesamtkosten der Perioden $i, i+1, \ldots, n, n+1, \ldots, n+\lambda$ mit

$$\tilde{f}_{[i,n]}(c_i, \hat{y}_i, z_{i-1}; \eta_{i-\lambda+1}, \ldots, \eta_{i-1} | \eta_{[i,n]}) ,$$

wobei zur Kennzeichnung der Abhängigkeit dieser Kosten von den Bestellentscheidungen $\eta_{i-\lambda+1}, \ldots, \eta_{i-1}$ der $(i-\lambda+1)$-ten,... $(i-1)$-ten Perioden die Variablen $\eta_{i-\lambda+1}, \ldots, \eta_{i-1}$ als Argumente der Funktion $f_{[i,n]}$ aufgeführt wurden und die Abhängigkeit von $f_{[i,n]}$ von der Politik $\eta_{[i,n]}$ durch Anfügen von $\eta_{[i,n]}$ rechts des Vertikalstriches charakterisiert wurde, so erhält man unter Beachtung der Tatsache, daß unbefriedigte Nachfrage vorgemerkt wird, die nachstehende Darstellung für die Funktion $f_{[i,n]}$:

$$(4.3) \quad \tilde{f}_{[i,n]}(c_i, \hat{y}_i, z_{i-1}; \eta_{i-\lambda+1}, \ldots, \eta_{i-1} | \eta_{[i,n]})$$

$$= E_{\eta_{[i,n]}, \hat{Y}_i = \hat{y}_i} \Bigg[\sum_{j=i}^{n} ß_j^{(i)} \cdot \Big\{ k_j \cdot \delta(\eta_j) + C_j \cdot \eta_j$$

$$+ ß_{j+\lambda}^{(j)} \cdot \ell_{j+\lambda}(\hat{Y}_j + \sum_{k=1}^{\lambda-1} \eta_{j-k} + \eta_j - \sum_{k=j}^{j+\lambda-1} Z_k, C_{j+\lambda}, Z_{j+\lambda}) \Big\}$$

$$- ß_{n+1}^{(i)} \cdot C_{n+1} \cdot (\hat{Y}_{n+1} + \sum_{k=1}^{\lambda-1} \eta_{n+1-k} - \sum_{k=n+1}^{n+\lambda} Z_k)$$

$$+ \sum_{j=i}^{i+\lambda-1} ß_j^{(i)} \cdot \ell_j (\hat{Y}_i + \sum_{k=i+1}^{j} \eta_{k-\lambda} - \sum_{k=i}^{j-1} Z_k, C_j, Z_j) \Big| C_i = c_i, Z_{i-1} = z_{i-1} \Bigg]$$

Die durch die letzte Summe gegebenen auf den Zeitpunkt t_{j-1} diskontierten erwarteten Lagerungs- und Fehlmengenkosten $L_{[i,i+\lambda-1]}$ der Perioden $i,i+1,\ldots,i+\lambda-1$ sind durch die Politik $\eta_{[i,n]}$ nicht beeinflußbar. Dieser Term lautet ausführlicher geschrieben:

(4.4)

$$L_{[i,i+\lambda-1]}(\hat{y}_i; \eta_{i-\lambda+1},\ldots,\eta_{i-1} \mid c_i,z_{i-1})$$

$$:= E_{\hat{Y}_i=\hat{y}_i}\left[\sum_{j=i}^{i+\lambda-1} \beta_j^{(i)} \cdot \ell_j(\hat{Y}_i + \sum_{k=i+1}^{j} \eta_{k-\lambda} - \sum_{k=i}^{j-1} Z_k, C_j, Z_j) \mid C_i=c_i, Z_{i-1}=z_{i-1}\right]$$

$$= E\left[\ell_i(\hat{y}_i,C_i,Z_i) \mid C_i=c_i,Z_{i-1}=z_{i-1}\right]$$

$$+ \beta_{i+1}^{(i)} \cdot E\left[\ell_{i+1}(\hat{y}_i + \eta_{i-\lambda+1} - Z_i, C_{i+1}, Z_{i+1}) \mid C_i=c_i, Z_{i-1}=z_{i-1}\right]$$

$$+ \ldots\ldots\ldots\ldots\ldots\ldots\ldots\ldots\ldots\ldots\ldots\ldots\ldots$$

$$+ \beta_{i+\lambda-1}^{(i)} \cdot E\left[\ell_{i+\lambda-1}(\hat{y}_i + \sum_{k=i+1}^{i+\lambda-1} \eta_{k-\lambda} - \sum_{k=i}^{i+\lambda-2} Z_k, C_{i+\lambda-1}, Z_{i+\lambda-1}) \mid C_i=c_i, Z_{i-1}=z_{i-1}\right]$$

wobei

$$(4.5)\quad E\left[\ell_j(\hat{y}_i + \sum_{k=i+1}^{j} \eta_{k-\lambda} - \sum_{k=i}^{j-1} Z_k, C_j, Z_j) \mid C_i=c_i, Z_{i-1}=z_{i-1}\right]$$

$$= \int_0^\infty \int_0^\infty \int_0^\infty \ldots \int_0^\infty \int_0^\infty \ell_j(\hat{y}_i + \sum_{k=i+1}^{j} \eta_{k-\lambda} - \sum_{k=i}^{j-1} z_k, c_j, z_j)$$

$$d\,F_j(z_j \mid c_j,z_{j-1})\,d\,G_j(c_j \mid z_{j-1},c_{j-1}) \ldots$$

$$\ldots\ldots\ldots\ldots\ldots\ldots\ldots\ldots\ldots\ldots$$

$$d\,F_{i+1}(z_{i+1} \mid c_{i+1},z_i)\,d\,G_{i+1}(c_{i+1} \mid z_i,c_i)\,d\,F_i(z_i \mid c_i,z_{i-1})$$

$$j \in \{i,i+1,\ldots,i+\lambda-1\}$$

ist.

Den Term $L_{[i,i+\lambda-1]}$ lassen wir daher künftig fort und betrachten somit nur die durch die Politik $\eta_{[i,n]}$ beeinflußbaren Kosten, welche wir mit

$$\hat{f}_{[i,n]}(c_i,\hat{y}_i,z_{i-1};\eta_{i-\lambda+1},\dots,\eta_{i-1}|\eta_{[i,n]})$$

bezeichnen. Dann gilt:

$$(4.6)\quad \hat{f}_{[i,n]}(c_i,\hat{y}_i,z_{i-1};\eta_{i-\lambda+1},\dots,\eta_{i-1}|\eta_{[i,n]})$$

$$= E_{\eta_{[i,n]},\hat{Y}_i=\hat{y}_i}\Big[\sum_{j=i}^{n} ß_j^{(i)}\Big\{k_j\cdot\delta(\eta_j) + C_j\cdot\eta_j$$

$$+ ß_{j+\lambda}^{(j)}\cdot\ell_{j+\lambda}(\hat{Y}_j+\sum_{k=1}^{\lambda-1}\eta_{j-k}+\eta_j-\sum_{k=j}^{j+\lambda-1} Z_k, C_{j+\lambda}, Z_{j+\lambda})\Big\}$$

$$- ß_{n+1}^{(i)}\cdot C_{n+1}\cdot(\hat{Y}_{n+1}+\sum_{k=1}^{\lambda-1}\eta_{n+1-k}-\sum_{k=n+1}^{n+\lambda} Z_k)\,\Big|\, C_i=c_i, Z_{i-1}=z_{i-1}\Big]\,.$$

Schreibt man (4.6) in der Form:

$$(4.7)\quad \hat{f}_{[i,n]}(c_i,\hat{y}_i,z_{i-1};\eta_{i-\lambda+1},\dots,\eta_{i-1}|\eta_{[i,n]})$$

$$= k_i\cdot\delta(\eta_i) + c_i\cdot\eta_i + L_{i+\lambda}(\hat{y}_i+\sum_{k=1}^{\lambda-1}\eta_{i-k}+\eta_i\,|\,c_i,z_{i-1})$$

$$+\alpha_i\cdot E_{\eta_{[i,n]},\hat{Y}_i=\hat{y}_i}\Big[\sum_{j=i+1}^{n} ß_j^{(i+1)}\cdot\Big\{k_j\cdot\delta(\eta_j) + C_j\cdot\eta_j$$

$$+ ß_{j+\lambda}^{(j)}\cdot\ell_{j+\lambda}(\hat{Y}_j+\sum_{k=1}^{\lambda-1}\eta_{j-k}+\eta_j-\sum_{k=j}^{j+\lambda-1} Z_k, C_{j+\lambda}, Z_{j+\lambda})\Big\}$$

$$- ß_{n+1}^{(i+1)}\cdot C_{n+1}\cdot(\hat{Y}_{n+1}+\sum_{k=1}^{\lambda-1}\eta_{n+1-k}-\sum_{k=n+1}^{n+\lambda} Z_k)\Big|\, C_i=c_i, Z_{i-1}=z_{i-1}\Big]$$

wobei

$$(4.8)\quad L_{i+\lambda}(\hat{y}_i+\sum_{k=1}^{\lambda-1}\eta_{i-k}+\eta_i\quad c_i,z_{i-1})$$

$$= ß_{i+\lambda}^{(i)}\cdot E\Big[\ell_{i+\lambda}(\hat{y}_i+\sum_{k=1}^{\lambda-1}\eta_{i-k}+\eta_i-\sum_{k=i}^{i+\lambda-1} Z_k, C_{i+\lambda}, Z_{i+\lambda})\,\Big|\, C_i=c_i, Z_{i-1}=z_{i-1}\Big]$$

$$:= ß^{(i)}_{i+\lambda} \int_0^\infty \int_0^\infty \int_0^\infty \ldots \int_0^\infty \int_0^\infty \ell_{i+\lambda}(\hat{y}_i + \sum_{k=1}^{\lambda-1} \eta_{i-k} + \eta_i - \sum_{k=1}^{i+\lambda-1} z_k, c_{i+\lambda}, z_{i+\lambda})$$

$$d\, F_{i+\lambda}(z_{i+\lambda} | c_{i+\lambda}, z_{i+\lambda-1}) d\, G_{i+\lambda}(c_{i+\lambda} | z_{i+\lambda-1}, c_{i+\lambda-1})$$

. . . .

$$d\, F_{i+1}(z_{i+1} | c_{i+1}, z_i) d\, G_{i+1}(c_{i+1} | z_i, c_i) d\, F_i(z_i | c_i, z_{i-1})$$

gesetzt wurde, so läßt sich völlig analog zur Vorgangsweise in Abschnitt 1.4 aus (4.7) die nachstehende Rekursionsgleichung herleiten:

$$(4.9) \quad \hat{f}_{[i,n]}(c_i, \hat{y}_i, z_{i-1}; \eta_{i-\lambda+1}, \ldots, \eta_{i-1} | \eta_{[i,n]})$$

$$= k_i \cdot \delta(\eta_i) + c_i \cdot \eta_i + L_{i+\lambda}(\hat{y}_i + \sum_{k=1}^{\lambda-1} \eta_{i-k} + \eta_i \mid c_i, z_{i-1})$$

$$+ \alpha_i \cdot E\left[f_{[i+1,n]}(C_{i+1}, \hat{y}_i + \eta_{i-\lambda+1} - Z_i, Z_i; \eta_{i-\lambda+2}, \ldots, \eta_i | \eta_{[i+1,n]}) \middle| C_i = c_i, Z\right.$$

Dabei wurde die aus der Lagerbilanzgleichung

$$\hat{X}_{j+1} = \hat{Y}_j - Z_j$$

sofort folgende "Zustandstransformationsgleichung"

$$(4.10) \quad \hat{Y}_{j+1} = \hat{X}_{j+1} + \eta_{j-\lambda+1} = \hat{Y}_j + \eta_{j-\lambda+1} - Z_j$$

benutzt.

Setzen wir noch

$$(4.11) \quad \hat{f}_{[i,n]}(c_i, \hat{y}_i, z_{i-1}; \eta_{i-\lambda+1}, \ldots, \eta_{i-1})$$

$$:= \inf_{\eta_{[i,n]} \geq \underline{0}} \left\{ \hat{f}_{[i,n]}(c_i, y_i, z_{i-1}; \eta_{i-\lambda+1}, \ldots, \eta_{i-1} | \eta_{[i,n]}) \right.$$

und nimmt man in der nachgewiesenen Rekursionsgleichung (4.9) die Infimumbildung vor - die Begründung hierfür ist dieselbe wie die auf S. 16 zur Herleitung von (1.33') aus (1.33) gegebene - so erhält man die Rekursionsgleichung:

$$\begin{aligned}(4.12)\quad & \hat{f}_{[i,n]}(c_i,\hat{y}_i,z_{i-1};\eta_{i-\lambda+1},\dots,\eta_{i-1}) \\ & = \inf_{\eta_i \geq 0} \Big\{ k_i \cdot \delta(\eta_i) + c_i \cdot \eta_i + L_{i+\lambda}(\hat{y}_i + \sum_{k=1}^{\lambda-1} \eta_{i-k} + \eta_i \quad c_i, z_{i-1}) \\ & \alpha_i \cdot E\big[f_{[i+1,n]}(C_{i+1},\hat{y}_i+\eta_{i-\lambda+1}-Z_i,Z_i;\eta_{i-\lambda+2},\dots,\eta_i) \mid C_i=c_i, Z_{i-1}=z_{i-1}\big]\Big\}\end{aligned}$$

oder also

$$\begin{aligned}(4.12')\quad & \hat{f}_{[i,n]}(c_i,\hat{y}_i,z_{i-1};\eta_{i-\lambda+1},\dots,\eta_{i-1}) \\ & = \inf_{\eta_i \geq 0} \Big\{ k_i \cdot \delta(\eta_i) + c_i \cdot \eta_i + L_{i+\lambda}(\hat{y}_i + \sum_{k=1}^{\lambda-1} \eta_{i-k} + \eta_i \quad c_i, z_{i-1}) \\ & + \alpha_i \cdot \int_0^\infty \int_0^\infty f_{[i+1,n]}(c_{i+1},\hat{y}_i+\eta_{i-\lambda+1}-z_i,z_i;\eta_{i-\lambda+2},\dots,\eta_i) \\ & d\,G_{i+1}(c_{i+1} \mid z_i, c_i)\; d\,F_i(z_i \mid c_i, z_{i-1}) \Big\}\,.\end{aligned}$$

Beginnend mit

$$\begin{aligned}(4.13)\quad & \hat{f}_{[n+1,n]}(c_{n+1},\hat{y}_{n+1},z_n;\eta_{n-\lambda+2},\dots,\eta_n) \\ & = c_{n+1} \cdot (\hat{y}_{n+1} - \sum_{k=1}^{\lambda-1} \eta_{n+1-k} - \sum_{k=n+1}^{n+\lambda} E\big[Z_k \mid C_i=c_i, Z_{i-1}=z_{i-1}\big])\end{aligned}$$

lassen sich mittels (4.12) oder (4.12') die Funktionen $\hat{f}_{[i,n]}(\;,\;,\;;\;,\dots,\;)$ der Variablen $c_i,\hat{y}_i,z_{i-1};\eta_{i-\lambda+1},\dots,\eta_{i-1}$ nacheinander bestimmen und in $\hat{f}_{[1,n]}(c_1,x_1,z_o;0,\dots,0)$ erhält man die beeinflußbaren minimalen auf den Zeitpunkt t_o diskontierten erwarteten Lagerhaltungskosten der Perioden $1,2,\dots,n,n+1,\dots,n+\lambda$.

Ist $\hat{f}_{[i,n]}(c_i,\hat{y}_i,z_{i-1};\eta_{i-\lambda+1},\ldots,\eta_{i-1})$ als Lösung der Funktionalgleichung (4.12) bestimmt, so erhalten wir in

$$
\begin{aligned}
(4.14)\quad & \tilde{f}_{[i,n]}(c_i,\hat{y}_i,z_{i-1};\eta_{i-\lambda+1},\ldots,\eta_{i-1}) \\
& := \hat{f}_{[i,n]}(c_i,\hat{y}_i,z_{i-1};\eta_{i-\lambda+1},\ldots,\eta_{i-1}) \\
& + L_{[i,i+\lambda-1]}(\hat{y}_i;\eta_{i-\lambda+1},\ldots,\eta_{i-1} \mid c_i,z_{i-1})
\end{aligned}
$$

die minimalen auf den Zeitpunkt t_{i-1} diskontierten, sich auf die Perioden $i,\ldots,n,n+1,\ldots,n+\lambda$ beziehenden erwarteten Lagerhaltungskosten.

Allerdings bedeutet die Dimension $\lambda+2$ des Zustandsvektors der Funktionalgleichung (4.12) eine erhebliche Vergrößerung des erforderlichen Rechenaufwandes bei der Auswertung dieser Funktionalgleichung gegenüber der in Abschnitt 2 für den Fall verschwindender Lieferzeit erhaltenen Funktionalgleichung. Daher soll wieder eine Funktionalgleichung hergeleitet werden, die nur - wie im Fall verschwindender Lieferzeit - von drei Zustandsvariablen abhängt. Hierzu führen wir die nachstehenden Variablen ein:

1. Den sogenannten disponiblen Lagerbestand vor der Bestellentscheidung in der Periode i bzw. im Zeitpunkt t_{i-1}:

$$(4.15)\qquad X_i := \hat{Y}_i + \sum_{k=1}^{\lambda-1} \eta_{i-k}\,.$$

   X_i ist also die Summe aus dem Buchbestand $\hat{Y}_i$ zum Zeitpunkt t_{i-1} und den bis zum Zeitpunkt t_{i-1} bestellten, aber noch nicht gelieferten Mengen.

2. Den disponiblen Lagerbestand nach der Bestellentscheidung in der Periode i bzw. im Zeitpunkt t_{i-1}:

$$(4.16)\qquad Y_i := X_i + \eta_i = \hat{Y}_i + \sum_{k=1}^{\lambda-1} \eta_{i-k} + \eta_i\,.$$

Unter Benutzung von (4.15) erhalten wir aus (4.6) die durch die Politik $\eta_{[i,n]}$ beeinflußbaren Kosten der Perioden $i,i+1,\dots,n,n+1,\dots,n+\lambda$ zu:

$$(4.17)\quad f_{[i,n]}(c_i,x_i,z_{i-1}|\eta_{[i,n]})$$

$$:= E_{\eta[i,n],X_i=x_i}\Big[\sum_{j=i}^{n} \beta_j^{(i)}\cdot\Big\{k_j\cdot\delta(\eta_j) + C_j\cdot\eta_j$$

$$+ \beta_{j+\lambda}^{(j)}\cdot\ell_{j+\lambda}(X_j+\eta_j-\sum_{k=j}^{j+\lambda-1} Z_k, C_{j+\lambda}, Z_{j+\lambda})\Big\}$$

$$- \beta_{n+1}^{(i)}\cdot C_{n+1}\cdot(X_{n+1}-\sum_{k=n+1}^{n+\lambda} Z_k)\;\Big|\; C_i=c_i, Z_{i-1}=z_{i-1}\Big]$$

oder wegen (4.16) sowie leicht überschaubaren Umformungen

$$(4.18)\quad f_{[i,n]}(c_i,x_i,z_{i-1}|\eta_{[i,n]})$$

$$= E_{\eta[i,n],X_i=x_i}\Big[\sum_{j=i}^{n} \beta_j^{(i)}\cdot\Big\{k_j\cdot\delta(Y_j-X_j) + C_j\cdot(Y_j-X_j)$$

$$+ \beta_{j+\lambda}^{(j)}\cdot\ell_{j+\lambda}(Y_j-\sum_{k=j}^{j+\lambda-1} Z_k, C_{j+\lambda}, Z_{j+\lambda})\Big\}$$

$$- \beta_{n+1}^{(i)}\cdot C_{n+1}\cdot(X_{n+1}-\sum_{k=n+1}^{n+\lambda} Z_k)\;\Big|\; C_i=c_i, Z_{i-1}=z_{i-1}\Big]$$

$$= E_{\eta[i,n],X_i=x_i}\Big[\sum_{j=i}^{n} \beta_j^{(i)}\cdot\Big\{k_j\cdot\delta(Y_j-X_j) + C_j\cdot Y_j$$

$$+ \beta_{j+\lambda}^{(j)}\cdot\ell_{j+\lambda}(Y_j-\sum_{k=j}^{j+\lambda-1} Z_k, C_{j+\lambda}, Z_{j+\lambda})\Big\}$$

$$- C_i\cdot X_i-\sum_{j=i+1}^{n+1} \beta_j^{(i)}\cdot C_j\cdot X_j+\beta_{n+1}^{(i)}\cdot C_{n+1}\sum_{k=n+1}^{n+\lambda} Z_k\;\Big|\; C_i=c_i, Z_{i-1}=z_{i-1}\Big]$$

$$= E_{\eta_{[i,n]}, X_i = x_i} \Big[\sum_{j=i}^{n} ß_j^{(i)} \cdot \Big\{ k_j \cdot \delta(Y_j - X_j) + C_j \cdot Y_j$$

$$+ ß_{j+\lambda}^{(j)} \cdot \ell_{j+\lambda}(Y_j - \sum_{k=j}^{j+\lambda-1} Z_k, C_{j+\lambda}, Z_{j+\lambda}) \Big\}$$

$$- \sum_{j=i}^{n} ß_j^{(i)} \cdot \alpha_j \cdot C_{j+1} \cdot X_{j+1}$$

$$- C_i \cdot X_i + ß_{n+1}^{(i)} \cdot C_{n+1} \cdot \sum_{k=n+1}^{n+\lambda} Z_k \;\Big|\; C_i = c_i, Z_{i-1} = z_{i-1} \Big]$$

$$= E_{\eta_{[i,n]}, X_i = x_i} \Big[\sum_{j=i}^{n} ß_j^{(i)} \cdot \Big\{ k_j \cdot \delta(Y_j - X_j) + C_j \cdot Y_j - \alpha_j \cdot C_{j+1} \cdot X_{j+1}$$

$$+ ß_{j+\lambda}^{(j)} \cdot \ell_{j+\lambda}(Y_j - \sum_{k=j}^{j+\lambda-1} Z_k, C_{j+\lambda}, Z_{j+\lambda}) \Big\}$$

$$- C_i \cdot X_i + ß_{n+1}^{(i)} \cdot C_{n+1} \cdot \sum_{k=n+1}^{n+\lambda} Z_k \;\Big|\; C_i = c_i, Z_{i-1} = z_{i-1} \Big]$$

$$= E_{\eta_{[i,n]}, X_i = x_i} \Big[\sum_{j=i}^{n} ß_j^{(i)} \cdot \Big\{ k_j \cdot \delta(Y_j - X_j) + C_j \cdot Y_j - \alpha_j \cdot C_{j+1} \cdot (Y_j - Z_j)$$

$$+ ß_{j+\lambda}^{(j)} \cdot \ell_{j+\lambda}(Y_j - \sum_{k=j}^{j+\lambda-1} Z_k, C_{j+\lambda}, Z_{j+\lambda}) \Big\}$$

$$- C_i \cdot X_i + ß_{n+1}^{(i)} \cdot C_{n+1} \cdot \sum_{k=n+1}^{n+\lambda} Z_k \;\Big|\; C_i = c_i, Z_{i-1} = z_{i-1} \Big]$$

Bei der letzten Umformung wurde von der Lagerbilanzgleichung:

$$(4.19) \qquad X_{j+1} = Y_j - Z_j \quad , \quad \forall j \in \{1,2,\dots,n\}$$

Gebrauch gemacht.

4.1.1 Modellbeschreibung: Funktionalgleichungen für die Modelle A und B

Wie bereits in Abschnitt 2 wollen wir auch hier unterscheiden zwischen den Modellen A und B. Wir sprechen von Modell A, wenn der am Ende der Periode $n+\lambda$ vorhandene Restlagerbestand $X_{n+1} - \sum_{k=n+1}^{n+\lambda} Z_k$ als verloren angesehen wird, hingegen sprechen wir von Modell B, falls der Restlagerbestand $X_{n+1} - \sum_{k=n+1}^{n+\lambda} Z_k$ mit C_{n+1} zu bewerten ist. Zur Herleitung einer gegenüber (4.12) vereinfachten Funktionalgleichung greifen wir auf (4.17) zurück und schreiben dies zunächst in der Form:

$$(4.20)\quad f_{[i,n]}(c_i, x_i, z_{i-1}\ \eta_{[i,n]})$$
$$= k_i \cdot \delta(\eta_i) + c_i \cdot \eta_i + L_{i+\lambda}(x_i + \eta_i \mid c_i, z_{i-1})$$
$$+ \alpha_i \cdot E_{\eta_{[i,n]} X_i = x_i} \Big[\sum_{j=i+1}^{n} \beta_j^{(i+1)} \cdot \Big\{ k_j \cdot \delta(\eta_j) + C_j \cdot \eta_j$$
$$+ \beta_{j+\lambda}^{(j)}\ \ell_{j+\lambda}(X_j + \eta_j - \sum_{k=j}^{j+\lambda-1} Z_k, C_{j+\lambda}, Z_{j+\lambda}) \Big\}$$
$$- \beta_{n+1}^{(i+1)} \cdot C_{n+1} \cdot (X_{n+1} - \sum_{k=n+1}^{n+\lambda} Z_k \mid C_i = c_i, Z_{i-1} = z_{i-1} \Big],$$

wobei wieder

$$(4.21)\quad L_{i+\lambda}(x_i + \eta_i \mid c_i, z_{i-1})$$
$$:= \beta_{i+\lambda}^{(i)} \cdot E\Big[\ell_{i+\lambda}(x_i + \eta_i - \sum_{k=i}^{i+\lambda-1} Z_k, C_{i+\lambda}, Z_{i+\lambda}) \mid C_i = c_i, Z_{i-1} = z_{i-1}\Big]$$
$$= \beta_{i+\lambda}^{(i)} \int_0^\infty \int_0^\infty \int \ldots \int_0^\infty \int_0^\infty \ell_{i+\lambda}(x_i + \eta_i - \sum_{k=i}^{i-\lambda+1} z_k, c_{i+\lambda}, z_{i+\lambda})$$

$$d\,F_{i+\lambda}(z_{i+\lambda}|\,c_{i+\lambda},z_{i+\lambda-1})d\,G_{i+\lambda}(c_{i+\lambda}|\,z_{i+\lambda-1},c_{i+\lambda-1})$$
$$\cdots\cdots\cdots\cdots\cdots\cdots\cdots$$
$$d\,F_{i+1}(z_{i+1}|\,c_{i+1},z_i)d\,G_{i+1}(c_{i+1}|\,z_i,c_i)d\,F_i(z_i|\,c_i,z_{i-1})$$

gesetzt wurde.

Analog zur Vorgangsweise in Abschnitt 1.4 kann aus (4.2o) die Rekursionsgleichung:

$$(4.22)\quad f_{[i,n]}(c_i,x_i,z_{i-1}|\eta_{[i,n]})$$
$$= k_i\cdot\delta(\eta_i) + c_i\cdot\eta_i + L_{i+\lambda}(x_i+\eta_i|\,c_i,z_{i-1})$$
$$+ \alpha_i\cdot E\big[f_{[i+1,n]}(C_{i+1},x_i+\eta_i-Z_i,Z_i|\eta_{[i+1,n]})|\,C_i=c_i,Z_{i-1}=z_{i-1}\big]$$

hergeleitet werden. Setzt man noch

$$(4.23)\quad f_{[i,n]}(c_i,x_i,z_{i-1}) := \inf_{\eta_{[i,n]}\geq \underline{0}} \{f_{[i,n]}(c_i,x_i,z_{i-1}|\eta_{[i,n]})\}$$

und nimmt man in der Rekursionsgleichung (4.22) die Infimumbildung vor, so erhält man - die Begründung hierfür ist dieselbe wie die auf S. 16 zur Herleitung von (1.33') aus (1.33) gegebene - die Rekursionsgleichung

$$(4.24)\quad f_{[i,n]}(c_i,x_i,z_{i-1}) = \inf_{\eta_i\geq 0} \{k_i\cdot\delta(\eta_i)+c_i\cdot\eta_i+L_{i+\lambda}(x_i+\eta_i|\,c_i,z_{i-1})$$
$$+ \alpha_i\cdot E\big[f_{[i+1,n]}(C_{i+1},x_i+\eta_i-Z_i,Z_i)\,|\,C_i=c_i,Z_{i-1}=z_{i-1}\big]$$

Setzen wir hier im zweiten Term rechts noch die Identität $\eta_i = (x_i+\eta_i) - x_i$ ein, so erhalten wir schließlich:

$$(4.25)\quad f_{[i,n]}(c_i,x_i,z_{i-1}) = -c_i \cdot x_i$$

$$+ \inf_{\eta_i \geq 0} \Big\{ k_i \cdot \delta(\eta_i) + c_i(x_i+\eta_i) + L_{i+\lambda}(x_i+\eta_i \mid c_i, z_{i-1})$$

$$+ \alpha_i \cdot E\Big[f_{[i+1,n]}(C_{i+1}, x_i+\eta_i - Z_i, Z_i) \mid C_i = c_i, Z_{i-1} = z_{i-1} \Big] \Big\},$$

was wir auch in der Form:

$$(4.25')\quad f_{[i,n]}(c_i,x_i,z_{i-1}) = -c_i \cdot x_i$$

$$+ \inf_{\eta_i \geq 0} \Big\{ k_i \cdot \delta(\eta_i) + c_i(x_i+\eta_i) + L_{i+\lambda}(x_i+\eta_i \mid c_i, z_{i-1})$$

$$+ \alpha_i \cdot \int_0^\infty \int_0^\infty f_{[i+1,n]}(c_{i+1}, x_i+\eta_i - z_i, z_i) d\, G_{i+1}(c_{i+1} \mid z_i, c_i) d\, F_i(z_i \mid c_i, z_{i-1}) \Big\}$$

$$i \in \{1,2,\ldots,n\}$$

schreiben können.

Je nachdem, ob Modell A oder Modell B vorliegt, haben wir die Rekursionsgleichung (4.25), beginnend mit

$$(4.26)\quad f_{[n+1,n]}(c_{n+1}, x_{n+1}, z_n) := 0 \qquad \text{bei Modell A} \quad \text{bzw.}$$

$$(4.27)\quad f_{[n+1,n]}(c_{n+1}, x_{n+1}, z_n) := -c_{n+1} \cdot \Big(x_{n+1} - \sum_{k=n+1}^{n+\lambda} E\big[Z_k \mid C_{n+1} = c_{n+1}, Z_n = z_n\big]\Big)$$

bei Modell B zu lösen.

Ist $f_{[i,n]}(c_i,x_i,z_{i-1})$ als Lösung der Funktionalgleichung (4.25) bestimmt, so erhalten wir in

$$(4.28)\quad \tilde{f}^*_{[i,n]}(c_i, \hat{y}_i, z_{i-1}; \eta_{i-\lambda+1}, \ldots, \eta_{i-1})$$

$$:= f_{[i,n]}\Big(c_i, \hat{y}_i + \sum_{k=1}^{\lambda-1} \eta_{i-k}, z_{i-1}\Big)$$

$$+ L_{[i,i+\lambda-1]}(y_i;\eta_{i-\lambda+1},\ldots,\eta_{i-1} \mid c_i,z_{i-1})$$

die minimalen auf den Zeitpunkt t_{i-1} diskontierten, sich auf die Perioden $i,\ldots,n,n+1,\ldots,n+\lambda$ beziehenden erwarteten Lagerhaltungskosten.

Wir haben in (4.25'), (4.26) bzw. (4.27) ein zur Funktionalgleichung (1.4o), (1.41) bzw. (1.42) völlig analoges Resultat erhalten.

Für Modell A läßt sich damit (4.25'), (4.26) wieder zum Nachweis der Existenz einer optimalen (s,S)-Politik heranziehen.

Um den entsprechenden Nachweis für Modell B führen zu können, leiten wir aus der Darstellung (4.18) für $f_{[i,n]}(c_i,x_i,z_{i-1} \mid \eta_{[i,n]})$ wieder eine Rekursionsgleichung her.

Beachten wir in

$$(4.29)\quad f_{[i,n]}(c_i,x_i,z_{i-1} \mid \eta_{[i,n]})$$

$$= E_{\eta_{[i,n]},X_i=x_i}\Big[\sum_{j=i}^{n} \beta_j^{(i)}\cdot\Big\{k_j\cdot\delta(Y_j-X_j) + C_j\cdot Y_j - \alpha_j\cdot C_{j+1}\cdot(Y_j-Z_j)$$

$$+ \beta_{j+\lambda}^{(j)}\cdot \ell_{j+\lambda}(Y_j - \sum_{k=j}^{j+\lambda-1} Z_k, C_{j+\lambda}, Z_{j+\lambda})\Big\}$$

$$- C_i\cdot X_i + \beta_{n+i}^{(i)}\cdot C_{n+1}\cdot \sum_{k=n+1}^{n+\lambda} Z_k \,\Big|\, C_i=c_i, Z_{i-1}=z_{i-1}\Big],$$

daß

$$(4.3o)\qquad Y_j = X_j + \eta_j \quad , \quad \forall j\in\{1,2,\ldots,n\}$$

und trennen wir auf der rechten Seite von (4.29) noch die durch die Politik $\eta_{[i,n]}$ nicht beeinflußbaren Terme ab, so erhalten wir:

(4.31) $f_{[i,n]}(c_i, x_i, z_{i-1} \mid \eta_{[i,n]})$

$$= E_{\eta_{[i,n]}, X_i = x_i} \Big[\sum_{j=i}^{n} \beta_j^{(i)} \cdot \Big\{ k_j \cdot \delta(\eta_j) + (C_j - \alpha_j \cdot C_{j+1})(X_j + \eta_j)$$

$$+ \beta_{j+\lambda}^{(j)} \cdot \ell_{j+\lambda}(X_j + \eta_j - \sum_{k=j}^{j+\lambda-1} Z_k, C_{j+\lambda}, Z_{j+\lambda}) \Big\}$$

$$- C_i \cdot X_i + \beta_{n+1}^{(i)} \cdot C_{n+1} \cdot \sum_{k=n+1}^{n+\lambda} Z_k + \sum_{j=i}^{n} \beta_{j+1}^{(i)} \cdot C_{j+1} \cdot Z_j \Big| C_i = c_i, Z_{i-1} = z_{i-1} \Big]$$

$$= E_{\eta_{[i,n]}, X_i = x_i} \Big[\sum_{j=i}^{n} \beta_j^{(i)} \cdot \Big\{ k_j \cdot \delta(\eta_j) + (C_j + \alpha_j \cdot C_{j+1}) \cdot (X_j + \eta_j)$$

$$+ \beta_{j+\lambda}^{(j)} \cdot \ell_{j+\lambda}(X_j + \eta_j - \sum_{k=j}^{j+\lambda-1} Z_k, C_{j+\lambda}, Z_{j+\lambda}) \Big\} \Big| C_i = c_i, Z_{i-1} = z_{i-1} \Big]$$

$$- c_i \cdot x_i + \beta_{n+1}^{(i)} \cdot \sum_{k=n+1}^{n+k} E\Big[C_{n+1} \cdot Z_k \Big| C_i = c_i, Z_{i-1} = z_{i-1}\Big]$$

$$+ \sum_{j=i}^{n} \beta_{j+1}^{(i)} \cdot E\Big[C_{j+1} \cdot Z_j \Big| C_i = c_i, Z_{i-1} = z_{i-1}\Big] .$$

Der hier auf der rechten Seite auftretende Ausdruck:

(4.32) $$- c_i \cdot x_i + \beta_{n+1}^{(i)} \cdot \sum_{k=n+1}^{n+\lambda} E\Big[C_{n+1} \cdot Z_k \Big| C_i = c_i, Z_{i-1} = z_{i-1}\Big]$$

$$+ \sum_{j=i}^{n} \beta_{j+1}^{(i)} \cdot E\Big[C_{j+1} \cdot Z_j \Big| C_i = c_i, Z_{i-1} = z_{i-1}\Big]$$

wird durch die Bestellpolitik $\eta_{[i,n]}$ nicht beeinflußt und ist damit für Bestimmung einer optimalen Bestellpolitik $\eta^*_{[i,n]}$ irrelevant. Er kann daher im folgenden fortgelassen werden und ist lediglich bei der Berechnung der effektiven Gesamtkosten als additiver Term zu berücksichtigen. Wir betrachten daher die für die Berechnung einer optimalen Bestellpolitik relevanten Kosten:

(4.33) $\bar{f}_{[i,n]}(c_i, x_i, z_{i-1} | \eta_{[i,n]}) :=$

$$E_{\eta_{[i,n]}, X_i = x_i} \Big[\sum_{j=i}^{n} \beta_j^{(i)} \cdot \Big\{ k_j\, \delta(\eta_j) + (C_j - \alpha_j \cdot C_{j+1})(X_j + \eta_j)$$

$$+ \beta_{j+\lambda}^{(j)} \cdot \ell_{j+\lambda}(X_j + \eta_j - \sum_{k=j}^{j+\lambda-1} Z_k, C_{j+\lambda}, Z_{j+\lambda}) \Big\} \Big| C_i = c_i, Z_{i-1} = z_{i-1} \Big]$$

Schreiben wir hierfür:

(4.34) $\bar{f}_{[i,n]}(c_i, x_i, z_{i-1} | \eta_{[i,n]})$

$$= k_i \cdot \delta(\eta_i) + (c_i - \alpha_i \cdot E\big[C_{i+1} | C_i = c_i, Z_{i-1} = z_{i-1}\big])(x_i + \eta_i)$$

$$+ L_{i+\lambda}(x_i + \eta_i \,|\, c_i, z_{i-1})$$

$$+ \alpha_i \cdot E_{\eta_{[i,n]}, X_i = x_i} \Big[\sum_{j=i+1}^{n} \beta_j^{(i+1)} \cdot \Big\{ k_j \cdot \delta(\eta_j) + (C_j + \alpha_j \cdot C_{j+1})(X_j + \eta_j$$

$$+ \beta_{j+\lambda}^{(j)} \cdot \ell_{j+\lambda}(X_j + \eta_j - \sum_{k=j}^{i+\lambda-1} Z_k, C_{j+\lambda}, Z_{j+\lambda}) \,\Big|\, C_i = c_i, Z_{i-1} = z_{i-1} \Big],$$

wobei $L_{i+\lambda}(x_i + \eta_i | c_i, z_{i-1})$ wieder durch (4.21) definiert ist, so erhalten wir wieder analog zur Vorgangsweise in Abschnitt 1.4 aus (4.34) die Rekursionsgleichung:

(4.35) $\bar{f}_{[i,n]}(c_i, x_i, z_{i-1} | \eta_{[i,n]})$

$$= k_i \cdot \delta(\eta_i) + (c_i - \alpha_i \cdot E\big[C_{i+1} | C_i = c_i, Z_{i-1} = z_{i-1}\big]) \cdot (x_i + \eta_i)$$

$$+ L_{i+\lambda}(x_i + \eta_i | c_i, z_{i-1})$$

$$+ \alpha_i \cdot E\Big[f_{[i+1,n]}(C_{i+1}, x_i + \eta_i - Z_i, Z_i | \eta_{[i+1,n]}) \Big| C_i = c_i, Z_{i-1} = z_{i-1}\Big]$$

Setzt man noch

(4.36) $\bar{f}_{[i,n]}(c_i, x_i, z_{i-1}) := \inf_{\eta_{[i,n]} \geq \underline{0}} \left\{ \bar{f}_{[i,n]}(c_i, x_i, z_{i-1} | \eta_{[i,n]}) \right\}$

und nimmt man in der Rekurionsgleichung (4.35) die Infimumbildung vor, so erhält man - die Begründung hierfür ist dieselbe wie die auf S. 16 zur Herleitung von (1.33') aus (1.33) gegebene -:

(4.37) $$\bar{f}_{[i,n]}(c_i,x_i,z_{i-1})$$

$$= \inf_{\eta_i \geq 0} \Big\{ k_i \cdot \delta(\eta_i) + (c_i - \alpha_i \cdot E\big[C_{i+1} \mid C_i = c_i, Z_{i-1} = z_{i-1}\big])(x_i + \eta_i)$$

$$+ L_{i+\lambda}(x_i + \eta_i \mid c_i, z_{i-1})$$

$$+ \alpha_i \cdot E\Big[\bar{f}_{[i+1,n]}(C_{i+1}, x_i + \eta_i - Z_i, Z_i) \mid C_i = c_i, Z_{i-1} = z_{i-1}\Big]\Big\},$$

was wir auch in der Form:

(4.38) $$\bar{f}_{[i,n]}(c_i,x_i,z_{i-1})$$

$$= \inf_{\eta_i \geq 0} \Big\{ k_i \cdot \delta(\eta_i) + (c_i - \alpha_i \cdot E\big[C_{i+1} \mid C_i = c_i, Z_{i-1} = z_{i-1}\big])(x_i + \eta_i)$$

$$+ L_{i+\lambda}(x_i + \eta_i \mid c_i, z_{i-1})$$

$$+ \alpha_i \cdot \int_0^\infty \int_0^\infty \bar{f}_{[i+1,n]}(c_{i+1}, x_i + \eta_i - z_i, z_i)\, dG_{i+1}(c_{i+1} \mid z_i, c_i)\, dF_i(z_i \mid c_i, z_{i-1})$$

$$i \in \{1,2,\ldots,n\}$$

schreiben können. Beginnend mit

(4.39) $$\bar{f}_{[n+1,n]}(c_{n+1},x_{n+1},z_n) := 0$$

lassen sich mittels (4.37) bzw. (4.38) die Funktionen $\bar{f}_{[i,n]}(\cdot,\cdot,\cdot)$ der Variablen c_i, x_i, z_{i-1} nacheinander bestimmen und in

(4.40) $$\tilde{f}^*_{[i,n]}(c_i,\hat{y}_i,z_{i-1};\eta_{i-\lambda+1},\ldots,\eta_{i-1})$$

$$:= \bar{f}_{[i,n]}(c_i, \hat{y}_i + \sum_{k=1}^{\lambda-1} \eta_{i-k}, z_{i-1}) - c_i(\hat{y}_i + \sum_{k=1}^{\lambda-1} \eta_{i-k})$$

$$+ ß_{n+1}^{(i)} \cdot \sum_{k=n+1}^{n+\lambda} E\left[C_{n+1} Z_k \mid C_i = c_i, Z_{i-1} = z_{i-1}\right]$$

$$+ \sum_{j=i}^{n} ß_{j+1}^{(i)} \cdot E\left[C_{j+1} Z_j \mid C_i = c_i, Z_{i-1} = z_{i-1}\right]$$

$$+ L_{[i,i+\lambda-1]}(y_i ; \eta_{i-\lambda+1}, \ldots, \eta_{i-1}\ c_i, z_{i-1})$$

erhalten wir die minimalen auf den Zeitpunkt t_{i-1} diskontierten, sich auf die Perioden $i,\ldots,n,n+1,\ldots,n+\lambda$ beziehenden erwarteten Lagerhaltungskosten.

Führen wir noch die Abkürzungen

(4.41) $V_i(y_i \mid c_i, z_{i-1}) := c_i \cdot y_i + L_{i+\lambda}(y_i \mid c_i, z_{i-1})$

bzw.

(4.42) $\bar{V}_i(y_i \mid c_i, z_{i-1}) := (c_i - \alpha_i \cdot E\left[C_{i+1} \mid C_i = c_i, Z_{i-1} = z_{i-1}\right]) \cdot y_i$

$$+ L_{i+\lambda}(y_i \mid c_i, z_{i-1})$$

ein, so können wir zusammenfassend die Bellman'schen Funktionalgleichungen für die Modelle A und B in der folgenden Form schreiben:

Modell A:

(4.43) $f_{[i,n]}(c_i, x_i, z_{i-1}) = - c_i \cdot x_i$

$$+ \inf_{\eta_i \geq 0} \Big\{ k_i \cdot \delta(\eta_i) + V_i(x_i + \eta_i \mid c_i, z_{i-1})$$

$$+ \alpha_i \cdot \int_0^\infty \int_0^\infty f_{[i+1,n]}(c_{i+1}, x_i + \eta_i - z_i) z_i) dG_{i+1}(c_{i+1} \mid z_i, c_i)$$

$$d\, F_i(z_i \mid c_i, z_{i-1}) \Big\}$$

$$i \in \{1, 2, \ldots, n\}$$

Modell B:

$$(4.44)\quad \bar{f}_{[i,n]}(c_i,x_i,z_{i-1}) = \inf_{\eta_i \geq 0} \Big\{ k_i \cdot \delta(\eta_i) + \bar{V}_i(x_i+\eta_i | c_i,z_{i-1})$$

$$+ \alpha_i \cdot \int_0^\infty \int_0^\infty \bar{f}_{[i+1,n]}(c_{i+1},x_i+\eta_i-z_i,z_i)dG_{i+1}(c_{i+1}|z_i,c_i)$$

$$d\,F_i(z_i|c_i,z_{i-1}) \Big\}$$

$$i \in \{1,2,\ldots,n\}$$

mit

$$(4.45)\quad f_{[n+1,n]}(c_{n+1},x_{n+1},z_n) = \bar{f}_{[n+1,n]}(c_{n+1},x_{n+1},z_n) := 0 ,$$

wobei x_i der disponible Lagerbestand vor der Bestellentscheidung im Zeitpunkt t_{i-1}, d. h. zu Beginn der i-ten Periode ist.

Die minimalen auf den Zeitpunkt t_{i-1} diskontierten, sich auf die Perioden $i,\ldots,n,n+1,\ldots,n+\lambda$ beziehenden erwarteten Lagerhaltungskosten ergeben sich dann aus (4.28) für Modell A bzw. (4.4o) für Modell B, wobei $\hat{y}_i$ der Buchbestand zum Zeitpunkt t_{i-1}, unmittelbar nach Eintreffen der Liefermenge $\eta_{i-\lambda}$, deren Bestellung zum Zeitpunkt $t_{i-\lambda-1}$, also zu Beginn der $(i-\lambda)$-ten Periode erfolgte, ist.

Wie aus den Funktionalgleichungen (4.43) bzw. (4.44) unter Beachtung der Anfangsbedingung (4.45) sowie der Abkürzungen (4.41) bzw. (4.42) unmittelbar hervorgeht, läßt sich der in Abschnitt 2 bzw. 3 geführte Beweis für die Existenz einer optimalen (s,S)-Politik unter den gleichen Voraussetzungen wie dort führen. Man erhält also sofort die Gültigkeit der Sätze 1 und 2 auch für den Fall einer deterministischen Lieferzeit.

Ist also x_i der disponible Lagerbestand zum Zeitpunkt t_{i-1}, so bestelle man zu Beginn der i-ten Periode die Menge

$$(4.46)\quad \eta_i^*(c_i,x_i,z_{i-1}) = \begin{cases} S_i(c_i,z_{i-1})-x_i, & \text{falls } x_i < s_i(c_i,z_{i-1}) \\ 0 & \text{, falls } x_i \geq s_i(c_i,z_{i-1}) \end{cases}$$

wobei

$$(4.47)\quad s_i(c_i,z_{i-1}) \leq S_i(c_i,z_{i-1}) \quad , \quad \forall\, i \in \{1,2,\ldots,n\}$$

gilt.

Die dabei auftretenden Größen $s_i(c_i,z_{i-1})$ bzw. $(S_i(c_i,z_{i-1})$ sind in der folgenden Weise zu berechnen.

Ist

(Modell A)

$$W_i(y_i|\, c_i,z_{i-1}) := V_i(y_i|c_i,z_{i-1})$$

$$+ \alpha_i \cdot \int_0^\infty \int_0^\infty f_{[i+1,n]}(c_{i+1},y_i-z_i,z_i)dG_i(c_{i+1}|z_i,c_i)dF_i(z_i|c_i,z_{i-1})$$

bzw.

(Modell B)

$$\bar{W}_i(y_i|c_i,z_{i-1}) := \bar{V}_i(y_i|c_i,z_{i-1})$$

$$+ \alpha_i \cdot \int_0^\infty \int_0^\infty \bar{f}_{[i+1,n]}(c_{i+1},y_i-z_i,z_i)dG_i(c_{i+1}|z_i,c_i)dF_i(z_i|c_i,z_{i-1})$$

so ist $S_i(c_i,z_{i-1})$ eine absolute Minimalstelle von $W_i(\cdot|c_i,z_{i-1})$ bzw. $\bar{W}_i(\cdot|c_i,z_{i-1})$ als Funktion von y_i, es gelte also

(Modell A) $W_i(S_i(c_i,z_{i-1})|\, c_i,z_{i-1}) = \min\limits_{y\in\mathbb{R}}\{W_i(y|c_i,z_{i-1})\}$

bzw.

(Modell B) $\bar{W}_i(S_i(c_i,z_{i-1})|\, c_i,z_{i-1}) = \min\limits_{y\in\mathbb{R}}\{\bar{W}_i(y|c_i,z_{i-1})\}$.

$s_i(c_i,z_{i-1})$ ist das (kleinste) $y \in \mathbb{R}$ mit der Eigenschaft

(Modell A) $W_i(y|c_i,z_{i-1}) \leq W_i(S_i(c_i,z_{i-1})|\, c_i,z_{i-1})+k_i$

und

$(\forall y \in]-\infty, s_i(c_i,z_{i-1})[)(W_i(y|c_i,z_{i-1}) > W_i(S_i(c_i,z_{i-1})|c_i,z_{i-1})+k_i)$

bzw.

(Modell B) $\bar{W}_i(y\ c_i,z_{i-1}) \leq \bar{W}_i(S_i(c_i,z_{i-1})\ c_i,z_{i-1})+k_i$

und

$(\forall y \in]-\infty, s_i(c_i,z_{i-1})[)(\bar{W}_i(y|c_i,z_{i-1}) > \bar{W}_i(S_i(c_i,z_{i-1})|c_i,z_{i-1})+k_i)$.

4.2 Modell mit allgemeiner Lagerbilanzgleichung

Die Überlegungen von Abschnitt 4.1, bei denen Vormerkung der Nachfrage und damit die Lagerbilanzgleichung

$$\hat{X}_{i+1} = g_i(\hat{Y}_i;Z_i) := \hat{Y}_i - Z_i \quad , \quad \forall i \in \{1,2,\ldots,n+\lambda\}$$

zugrunde gelegt wurde, sollen jetzt auf den Fall einer allgemeinen Lagerbilanzgleichung

$$\hat{X}_{i+1} = g_i(Y_i;Z_i) \quad , \quad \forall i \in \{1,2,\ldots,n+\lambda\} \tag{4.48}$$

verallgemeinert werden. Dabei setzen wir voraus, daß $g_i(\hat{Y}_i,Z_i)$ eine Borel-meßbare Funktion ihrer Argumente $\hat{Y}_i$ und Z_i sei, $i \in \{1,2,\ldots,n+\lambda\}$. Um die Rekursionsformeln für die Lagerhaltungskosten in der bisherigen Weise herleiten zu können, benötigen wir neben der Transformationsformel (4.48), die ja die Transformation des Anfangsbestandes $\hat{Y}_i$ der i-ten Periode in den Anfangsbestand $\hat{X}_{i+1}$ der (i+1)-ten Periode vermittelt, und sich somit über eine Periode erstreckt, auch Transformationsformeln, die sich über mehrere Perioden erstrecken.

Zunächst sei noch einmal die Lagerbilanzgleichung (4.48) sowie die aus ihr resultierende, den Lagerbestand $\hat{Y}_{i+1}$ zu Beginn der (i+1)-ten Periode nach Eintreffen der Bestellung $\eta_{i-\lambda+1}$ mit dem entsprechenden Lagerbestand $\hat{Y}_i$ der i-ten Periode verknüpfende Transformationsformel angegeben:

(4.49) $\hat{X}_{i+1} = g_i(\hat{Y}_i, Z_i)$

(4.5o) $\hat{Y}_{i+1} = \hat{X}_{i+1} + \eta_{i-\lambda+1} = g_i(\hat{Y}_i, Z_i) + \eta_{i-\lambda+1}$, $\forall i \in \{1,2,\ldots,n+$

$=: v_i(\hat{Y}_i; \eta_{i-\lambda+1}; Z_i)$.

Setzen wir noch zur Vereinheitlichung der Schreibweise:

(4.51) $g_{[i,i]}(\hat{Y}_i; Z_i) := g_i(\hat{Y}_i, Z_i)$

(4.52) $v_{[i,i+1]}(\hat{Y}_i; \eta_{i-\lambda+1}; Z_i) := v_i(\hat{Y}_i; \eta_{i-\lambda+1}; Z_i)$,

so kann man die Transformationsformeln, welche sich über mehrere Perioden erstrecken, in der folgenden Weise anschreiben:

(4.53) $\hat{X}_j = g_{[i,j-1]}(\hat{Y}_i; \eta_{i-\lambda+1}, \ldots, \eta_{j-\lambda-1}; Z_i, \ldots, Z_{j-1})$

$\forall j \in \{i+2, \ldots, i+\lambda, i+\lambda+1\}$

(4.54) $\hat{Y}_j = v_{[i,j]}(\hat{Y}_i; \eta_{i-\lambda+1}, \ldots, \eta_{j-\lambda-1}, \eta_{j-\lambda}; Z_i, \ldots, Z_{j-1})$

$:= g_{[i,j-1]}(\hat{Y}_i; \eta_{i-\lambda+1}, \ldots, \eta_{j-\lambda-1}; Z_i, \ldots, Z_{j-1}) + \eta_{j-\lambda}$

$\forall j \in \{i+1, \ldots, i+\lambda\}$,

wobei zu beachten ist, daß in (4.54) für j=i die Funktion $g_{i,i}$ gemäß (4.51) bestimmt ist.

Die in (4.53) bzw. (4.54) auftretenden Funktionen $g_{i,j-1}$ bzw. $v_{[i,j]}$ sind nun induktiv definiert, da ja gelten muß:

(4.55) $g_{[i,j-1]}(\hat{Y}_i; \eta_{i-\lambda+1}, \ldots, \eta_{j-\lambda+1}; Z_i, \ldots, Z_{j-1})$

$$= g_{j-1}(\hat{Y}_{j-1},Z_{j-1})$$

$$= g_{j-1}(v_{[i,j-1]}(\hat{Y}_i;\eta_{i-\lambda+1},\ldots,\eta_{j-\lambda-2};\eta_{j-\lambda-1};Z_i,\ldots,Z_{j-2}),Z_{j-1})$$

$$= g_{j-1}(g_{[i,j-2]}(\hat{Y}_i;\eta_{i-\lambda+1},\ldots,\eta_{j-\lambda-2};Z_i,\ldots,Z_{j-2})+\eta_{j-\lambda-1},Z_{j-1}) ,$$
$$\forall j \in \{i+2,\ldots,i+\lambda\} ,$$

wobei für $j = i+2$ wieder zu beachten ist, daß die Funktion $g_{[i,i]}$ gemäß (4.52) bestimmt ist.

Wegen

$$(4.56)\quad v_{[i,j]}(Y_i;\eta_{i-\lambda+1},\ldots,\eta_{j-\lambda-1},\eta_{j-\lambda};Z_i,\ldots,Z_{j-1})$$

$$= g_{[i,j-1]}(Y_i;\eta_{i-\lambda+1},\ldots,\eta_{j-\lambda-1};Z_i,\ldots,Z_{j-1})+\eta_{j-\lambda}$$

$$\forall j \in \{i+1,\ldots,i+\lambda\}$$

sind damit auch - man beachte wieder, daß die Funktion $g_{[i,i]}$ gemäß (4.51) bestimmt ist - die Funktionen $v_{[i,j]}$ definiert. Aus der induktiven Definition (4.55) bzw. aus (4.56) erkennt man, daß aus der vorausgesetzten Borel-Meßbarkeit der Funktionen $g_i(Y_i,Z_i)$ folgt, daß die Funktionen $g_{[i,j-1]}$ bzw. $v_{[i,j]}$ Borel-meßbare Funktionen ihrer Argumente

$$Y_i;\eta_{i-\lambda+1},\ldots,\eta_{j-\lambda-1};Z_i,\ldots,Z_{j-1}$$

bzw.

$$Y_i;\eta_{i-\lambda+1},\ldots,\eta_{j-\lambda-1},\eta_{j-\lambda};Z_i,\ldots,Z_{j-1}$$

für

$$\forall j \in \{i+1,\ldots,i+\lambda\}$$

sind.

Werden die g_i als stetige Funktionen ihrer Argumente Y_i und Z_i vorausgesetzt, so ergibt sich aus (4.55) bzw. (4.56), daß auch die $g_{[i,j-1]}$ bzw. $v_{[i,j]}$ stetige Funktionen ihrer Argumente sind, $\forall j \in \{i+1,\ldots,i+\lambda\}$.

Es seien nun wieder $\ell_j(Y_j, C_j, Z_j)$ die Lagerungs- und Fehlbestandskosten der j-ten Periode sowie

(4.57) $$\eta_{[i,n]} := (\eta_i, \eta_{i+1}, \ldots, \eta_n) \quad , \quad i \in \{1,2,\ldots,n\}$$

eine vorgegebene Bestellpolitik der Perioden $i, i+1, \ldots, n$. Ferner treffen wie wieder die Vereinbarung

$$\eta_j := 0 \qquad \text{für } j \in \mathbb{Z} \setminus \mathbb{N} .$$

Bezeichnen wir die erwarteten Gesamtkosten der Perioden $i, i+1, \ldots, n, n+1, \ldots, n+\lambda$ mit

$$\tilde{f}_{[i,n]}(c_i, \hat{y}_i, z_{i-1}; \eta_{i-\lambda+1}, \ldots, \eta_{i-1} \mid \eta_{[i,n]}) ,$$

so erhalten wir als direkte Verallgemeinerung von (4.3) die nachstehende Darstellung für die Funktion $\tilde{f}_{[i,n]}$:

(4.58) $$\tilde{f}_{[i,n]}(c_i, \hat{y}_i, z_{i-1}; \eta_{i-\lambda+1}, \ldots, \eta_{i-1} \mid \eta_{[i,n]})$$

$$:= E_{\eta_{[i,n]}, \hat{Y}_i = \hat{y}_i} \Big[\sum_{j=i}^{n} \beta_j^{(i)} \cdot \{ k_j \cdot \delta(\eta_j) + C_j \cdot \eta_j$$

$$+ \beta_{j+\lambda}^{(j)} \cdot \ell_{j+\lambda}(v_{[j,j+\lambda]}(\hat{Y}_j; \eta_{j-\lambda+1}, \ldots, \eta_{j-1}, \eta_j; Z_j, \ldots, Z_{j+\lambda-1}), C_{j+\lambda}, Z_j$$

$$- \beta_{n+1}^{(i)} \cdot C_{n+1} \cdot g_{[n+1,n+\lambda]}(\hat{Y}_{n+1}; \eta_{n-\lambda+2}, \ldots, \eta_n; Z_{n+1}, \ldots, Z_{n+\lambda})$$

$$+ \sum_{j=i}^{i+\lambda-1} \beta_j^{(i)} \cdot \ell_j(v_{[i,j]}(\hat{Y}_i; \eta_{i-\lambda+1}, \ldots, \eta_{j-\lambda}; Z_i, \ldots, Z_{j-1}), C_j, Z_j) \mid C_i = c_i, Z_{i-1} = z_{i-}$$

In Verallgemeinerung von (4.4) entnimmt man aus (4.58) den durch die Politik $\eta_{[i,n]}$ nicht beeinflußbaren Kostenanteil zu:

(4.59) $$L_{[i,i+\lambda-1]}(\hat{y}_i; \eta_{i-\lambda+1}, \ldots, \eta_{i-1} \mid c_i, z_{i-1})$$

$$:= E_{Y_i = y_i}\Big[\sum_{j=i}^{i+\lambda-1} ß_j^{(i)} \ell_j(v_{[i,j]}(\hat{Y}_i; {}_{i-\lambda+1},\ldots, {}_{j-\lambda}; Z_i,\ldots,Z_{j-1}), C_j, Z_j) \mid C_i = c_i, Z_{i-1} = z_{i-1}\Big]$$

$$= \sum_{j=i}^{i+\lambda-1} ß_j^{(i)} \cdot E\Big[\ell_j(v_{[i,j]}(\hat{y}_i; \eta_{i-\lambda+1},\ldots,\eta_{j-\lambda}; Z_i,\ldots,Z_{j-1}), C_j, Z_j) \mid C_i = c_i, Z_{i-1} = z_{i-1}\Big],$$

wobei

$$(4.60)\quad E\Big[\ell_j(v_{[i,j]}(\hat{y}_i,\eta_{i-\lambda+1},\ldots,\eta_{j-\lambda}; Z_i,\ldots,Z_{j-1}), C_j, Z_j) \mid C_i = c_i, Z_{i-1} = z_{i-1}\Big]$$

$$= \int_0^\infty \int_0^\infty \int_0^\infty \ldots \int_0^\infty \int_0^\infty \ell_j(v_{[i,j]}(\hat{y}_i; \eta_{i-\lambda+1},\ldots,\eta_{j-\lambda}; z_i,\ldots,z_{j-1}), c_j, z_j)$$

$$dF_j(z_j \mid c_j, z_{j-1})\, dG_j(c_j \mid z_{j-1}, c_{j-1}) \;\cdots\cdots$$

$$\cdots\cdots\cdots\cdots\cdots\cdots\cdots\cdots$$

$$dF_{i+1}(z_{i+1} \mid c_{i+1}, z_i)\, dG_{i+1}(c_{i+1} \mid z_i, c_i)\, dF_i(z_i \mid c_i, z_{i-1})$$

$$j \in \{i, i+1, \ldots, i+\lambda-1\}$$

und

$$v_{[i,i]}(\hat{y}_i) := \hat{y}_i$$

zu setzen ist.

Den Term $L_{[i,i+\lambda-1]}$ lassen wir daher künftig fort und betrachten somit nur die durch die Politik $\eta_{[i,n]}$ beeinflußbaren Kosten, welche wir mit

$$\hat{f}_{[i,n]}(c_i, \hat{y}_i, z_{i-1}; \eta_{i-\lambda+1}, \ldots, \eta_{i-1} \mid \eta_{[i,n]})$$

bezeichnen. Dann gilt:

$$(4.61)\quad \hat{f}_{[i,n]}(c_i, \hat{y}_i, z_{i-1}; \eta_{i-\lambda+1}, \ldots, \eta_{i-1} \mid \eta_{[i,n]})$$

$$:= E_{\eta_{[i,n]}, \hat{Y}_i = \hat{y}_i}\Big[\sum_{j=i}^{n} ß_j^{(i)} \cdot \{ k_j \cdot \delta(\eta_j) + c_j \cdot \eta_j$$

$$+\text{ß}_{j+\lambda}^{(j)}\cdot \ell_{j+\lambda}(v_{[j,j+\lambda]}(\hat{Y}_j;\eta_{j-\lambda+1},\ldots,\eta_{j-1},\eta_j;Z_j,\ldots,Z_{j+\lambda-1}),C_{j+\lambda},Z_{j+\lambda})\}$$

$$-\text{ß}_{n+1}^{(i)}\cdot C_{n+1}\cdot g_{[n+1,n+\lambda]}(\hat{Y}_{n+1};\eta_{n-\lambda+2},\ldots,\eta_n;Z_{n+1},\ldots,Z_{n+\lambda})|C_i=c_i,Z_{i-1}=z_{i-1}\Big]$$

Schreibt man (4.61) in der Form:

$$(4.62)\quad \hat{f}_{[i,n]}(c_i,\hat{y}_i,z_{i-1};\eta_{i-\lambda+1},\ldots,\eta_{i-1}|\eta_{[i,n]})$$

$$= k_i\cdot\delta(\eta_i)+c_i\cdot\eta_i+L_{i+\lambda}(\hat{y}_i;\eta_{i-\lambda+1},\ldots,\eta_{i-1},\eta_i|c_i,z_{i-1})$$

$$+\ \alpha_i\cdot E_{\eta_{[i,n]},\hat{Y}_i=\hat{y}_i}\Big[\sum_{j=i+1}^{n}\text{ß}_j^{(i+1)}\cdot\{k_j\cdot\delta(\eta_j)+C_j\cdot\eta_j$$

$$+\text{ß}_{j+\lambda}^{(i)}\cdot\ell_{j+\lambda}(v_{[j,j+\lambda]}(\hat{Y}_j;\eta_{j-\lambda+1},\ldots,\eta_{j-1},\eta_j;Z_j,\ldots,Z_{j+\lambda-1});C_{j+\lambda},Z_{j+\lambda})\}$$

$$-\text{ß}_{n+1}^{(i)}\cdot C_{n+1}\cdot g_{[n+1,n+\lambda]}(\hat{Y}_{n+1};\eta_{n-\lambda+2},\ldots,\eta_n;Z_{n+1},\ldots,Z_{n+\lambda}|C_i=c_i,Z_{i-1}=z_{i-1}\Big]$$

wobei

$$(4.63)\quad L_{i+\lambda}(\hat{y}_i;\eta_{i-\lambda+1},\ldots,\eta_i|c_i,z_{i-1})$$

$$:=\text{ß}_{i+\lambda}^{(i)}\cdot E\Big[\ell_{i+\lambda}(v_{[i,i+\lambda]}(\hat{y}_i;\eta_{i-\lambda+1},\ldots,\eta_{i-1},\ _i;Z_i,\ldots,Z_{i+\lambda-1}),C_{i+\lambda},Z_{i+\lambda}|C_i=c_i,Z_{i-1}=z_{i-1}\Big]$$

$$+\text{ß}_{i+\lambda}^{(i)}\cdot\int_0^\infty\int_0^\infty\int_0^\infty\ldots\int_0^\infty\int_0^\infty\ell_{i+\lambda}(v_{[i,i+\lambda]}(\hat{y}_i;\eta_{i-\lambda+1},\ldots,\eta_{i-1},\eta_i;z_i,\ldots,z_{i+\lambda-1});c_{i+\lambda},z_{i+\lambda}$$

$$dF_{i+\lambda}(z_{i+\lambda}|c_{i+\lambda},z_{i+\lambda-1})dG_{i+\lambda}(c_{i+\lambda}|z_{i+\lambda-1},c_{i+\lambda-1})\ \cdot\cdot\cdot$$

$$\cdots\cdots\cdots\cdots\cdots\cdots\cdots\cdots\cdots$$

$$dF_{i+1}(z_{i+1}|c_{i+1},z_i)dG_{i+1}(c_{i+1}|z_i,c_i)dF_i(z_i|c_i,z_{i-1})$$

gesetzt würde, so läßt sich analog zur Vorgangsweise in Abschnitt 1.4 aus (4.62) die nachstehende Rekursionsgleichung herleiten:

$$(4.64')\quad \hat{f}_{[i,n]}(c_i,\hat{y}_i,z_{i-1};\eta_{i-\lambda+1},\ldots,\eta_{i-1}|\eta_{[i,n]})$$

$$= k_i\cdot\delta(\eta_i)+c_i\cdot\eta_i+L_{i+\lambda}(\hat{y}_i;\eta_{i-\lambda+1},\ldots,\eta_{i-1},\eta_i|c_i,z_{i-1})$$

$$+\alpha_i \cdot E\left[\hat{f}_{[i+1,n]}(C_{i+1}, v_i(\hat{y}_i, \eta_{i-\lambda+1}, Z_i), Z_i; \eta_{i-\lambda+2}, \ldots, \eta_i | \eta_{[i+1,n]}) | C_i = c_i, Z_{i-1} = z_{i-1}\right].$$

Mit

(4.64") $\hat{V}_i(\hat{y}_i; \eta_{i-\lambda+1}, \ldots, \eta_{i-1}, \eta_i | c_i, z_{i-1})$

$$:= c_i \cdot \eta_i + L_{i+\lambda}(\hat{y}_i; \eta_{i-\lambda+1}, \ldots, \eta_{i-1}, \eta_i | c_i, z_{i-1})$$

können wir für (4.64') auch schreiben:

(4.64) $\hat{f}_{[i,n]}(c_i, \hat{y}_i, z_{i-1}; \eta_{i-\lambda+1}, \ldots, \eta_{i-1} | \eta_{[i,n]})$

$$= k_i \cdot \delta(\eta_i) + \hat{V}_i(\hat{y}_i; \eta_{i-\lambda+1}, \ldots, \eta_{i-1}, \eta_i | c_i, z_{i-1})$$

$$+\alpha_i E\left[\hat{f}_{[i+1,n]}(C_{i+1}, v_i(\hat{y}_i, \eta_{i-\lambda+1}, Z_i), Z_i; \eta_{i-\lambda+2}, \ldots, \eta_i | \eta_{[i,n]}) | C_i = c_i, Z_{i-1} = z_{i-1}\right]$$

Setzen wir

(4.65) $\hat{f}_{[i,n]}(c_i, \hat{y}_i, z_{i-1}; \eta_{i-\lambda+1}, \ldots, \eta_{i-1})$

$$:= \inf_{\eta_{[i,n]} \geq \underline{0}} \left\{ \hat{f}_{[i,n]}(c_i, \hat{y}_i, z_{i-1}; \eta_{i-\lambda+1}, \ldots, \eta_{i-1} | \eta_{[i,n]}) \right\}$$

und nimmt man in der Rekursionsgleichung (4.64) die Infimumbildung vor - die Begründung hierfür ist wieder dieselbe, wie die auf S. 16 zur Herleitung von (1.33') aus (1.33) gegebene - so erhält man die Rekursionsgleichung

(4.66) $\hat{f}_{[i,n]}(c_i, y_i, z_{i-1}; \eta_{i-\lambda+1}, \ldots, \eta_{i-1})$

$$= \inf_{\eta_i \geq 0} \left\{ k_i \cdot \delta(\eta_i) + \hat{V}_i(\hat{y}_i; \eta_{i-\lambda+1}, \ldots, \eta_{i-1}, \eta_i | c_i, z_{i-1}) \right.$$

$$\left. +\alpha_i \cdot E\left[\hat{f}_{[i+1,n]}(C_{i+1}, v_i(\hat{y}_i; \eta_{i-\lambda+1}; Z_i), Z_i; \eta_{i-\lambda+2}, \ldots, \eta_i) | C_i = c_i, Z_{i-1} = z_{i-1}\right]\right\}$$

oder also

(4.66') $\hat{f}_{[i,n]}(c_i, \hat{y}_i, z_{i-1}; \eta_{i-\lambda+1}, \ldots, \eta_{i-1})$

$$= \inf_{\eta_i \geq 0} \{k_i \cdot \delta(\eta_i) + \hat{V}_i(\hat{y}_i; \eta_{i-\lambda+1}, \ldots, \eta_{i-1}, \eta_i | c_i, z_{i-1})$$

$$+ \alpha_i \cdot \int_0^\infty \int_0^\infty \hat{f}_{[i+1,n]}(c_{i+1}, v_i(\hat{y}_i; \eta_{i-\lambda+1}; z_i), z_i; \eta_{i-\lambda+2}, \ldots, \eta_i)$$

$$dG_{i+1}(c_{i+1} | z_i, c_i) dF_i(z_i | c_i, z_{i-1}) \} .$$

Beginnend mit

$$(4.67) \quad \hat{f}_{[n+1,n]}(c_{n+1}, \hat{y}_{n+1}, z_n; \eta_{n-\lambda+2}, \ldots, \eta_n)$$

$$:= -c_{n+1} \cdot E\left[g_{[n+1,n+\lambda]}(\hat{y}_{n+1}; \eta_{n-\lambda+2}, \ldots, \eta_n; Z_{n+1}, \ldots, Z_{n+\lambda}) | C_i = c_i, Z_{i-1} = z_{i-1}\right]$$

lassen sich mittels (4.66) oder (4.66') die Funktionen $\hat{f}_{[i,n]}(\cdot, \cdot, \cdot; \cdot, \ldots, \cdot)$ der Variablen $c_i, \hat{y}_i, z_{i-1}; \eta_{i-\lambda+1}, \ldots, \eta_{i-1}$ nacheinander bestimmen und in $\hat{f}_{[1,n]}(c_1, x_1, z_o; 0, \ldots, 0)$ erhält man die beeinflußbaren minimalen auf den Zeitpunkt t_o diskontierten erwarteten Lagerhaltungskosten der Perioden $1,2,\ldots,n,n+1,\ldots,n+\lambda$. Ist $\hat{f}_{[i,n]}(c_i, y_i, z_{i-1}; \eta_{i-\lambda+1}, \ldots, \eta_{i-1})$ als Lösung der Funktionalgleichung (4.66) bestimmt, so erhalten wir in

$$(4.68) \quad \tilde{f}_{[i,n]}(c_i, \hat{y}_i, z_{i-1}; \eta_{i-\lambda+1}, \ldots, \eta_{i-1})$$

$$:= \hat{f}_{[i,n]}(c_i, \hat{y}_i, z_{i-1}; \eta_{i-\lambda+1}, \ldots, \eta_{i-1})$$

$$+ L_{[i,i+\lambda-1]}(\hat{y}_i; \eta_{i-\lambda+1}, \ldots, \eta_{i-1} | c_i, z_{i-1})$$

die minimalen auf den Zeitpunkt t_{i-1} diskontierten, sich auf die Perioden $i,\ldots,n,n+1,\ldots,n+\lambda$ beziehenden erwarteten Lagerhaltungskosten.

Liegt Modell A vor, wird also der am Ende der Periode $(j+\lambda)$ verbleibende Lagerbestand $\hat{X}_{n+\lambda}$ mit Null bewertet, so ist die Rekursionsgleichung (4.66) bzw. (4.66'), beginnend mit

$$(4.69)\quad \hat{f}_{[n+1,n]}(c_{n+1},\hat{y}_{n+1},z_n;\eta_{n-\lambda+2},\ldots,\eta_n):=0$$

zu lösen.

Insbesondere für den Fall, daß die Nachfrage vorgemerkt wird, erwies sich die Anfangsbedingung (4.69) als unabdingbar für den dort gegebenen Nachweis der Optimalität einer (s,S)-Politik. Wir wollen daher nachstehend zeigen, daß auch bei dem allgemeinen Modell B, bei dem also der am Ende der Periode $(j+\lambda)$ verbleibende Lagerbestand $\hat{X}_{n+\lambda}$ mit C_{n+1} zu bewerten ist, durch eine einfache Transformation eine Rekursionsgleichung hergeleitet werden kann, bei der eine zu (4.69) analoge Anfangsbedingung gilt. Hierzu gehen wir aus von der Darstellung (4.58) für $\tilde{f}_{[i,n]}(c_i,\hat{y}_i,z_{i-1};\eta_{i-\lambda+1},\ldots,\eta_{i-1}|\eta_{[i,n]})$. Beachten wir die Transformationsgleichungen (4.53) und (4.54) sowie die aus (4.53) und (4.54) für $j:=i+\lambda$ speziell folgende Relation:

$$(4.70)\quad \eta_i = \hat{Y}_{i+\lambda}-g_{[i,i+\lambda-1]}(\hat{Y}_i;\eta_{i-\lambda+1},\ldots,\eta_{i-1};Z_i,\ldots,Z_{i+\lambda-1})$$
$$= \hat{Y}_{i+\lambda}-\hat{X}_{i+\lambda}\quad,\quad \forall i\in\{1,2,\ldots,n\}\quad,$$

so erhalten wir aus (4.58) die nachstehende Darstellung, bei der dann die rechte Seite den aufgeführten Umformungen unterworfen wird:

$$(4.71)\quad \tilde{f}_{[i,n]}(c_i,\hat{y}_i,z_{i-1};\eta_{i-\lambda+1},\ldots,\eta_{i-1}|\eta_{[i,n]})$$
$$= E_{\eta_{[i,n]},Y_i=y_i}\Bigg[\sum_{j=i}^{n}\beta_j^{(i)}\cdot\Big\{k_j\cdot\delta(\eta_j)+C_j\cdot(\hat{Y}_{j+\lambda}-\hat{X}_{j+\lambda})$$
$$+\beta_{j+\lambda}^{(j)}\cdot\ell_{j+\lambda}(\hat{Y}_{j+\lambda},C_{j+\lambda},Z_{j+\lambda})\Big\}$$
$$-\beta_{n+1}^{(i)}\cdot C_{n+1}\cdot\hat{X}_{n+\lambda+1}+\sum_{j=i}^{i+\lambda-1}\beta_j^{(i)}\cdot\ell_j(\hat{Y}_j,C_j,Z_j)\Big|C_i=c_i,Z_{i-1}=z_{i-1}\Bigg]$$

$$= E_{\eta_{[i,n]},\hat{Y}_i=\hat{y}_i}\Bigg[\sum_{j=i}^{n} \beta_j^{(i)}\cdot\Big\{k_j\cdot\delta(\eta_j)+C_j\cdot\hat{Y}_{j+\lambda}+\beta_{j+\lambda}^{(j)}\cdot\ell_{j+\lambda}(\hat{Y}_{j+\lambda},C_{j+\lambda},Z_{j+\lambda})\Big\}$$

$$-\sum_{j=i+1}^{n+1} \beta_j^{(i)}\cdot C_j\cdot\hat{X}_{j+\lambda}$$

$$-C_i\cdot\hat{X}_{i+\lambda}+\sum_{j=i}^{i+\lambda-1}\beta_j^{(i)}\cdot\ell_j(\hat{Y}_j,C_j,Z_j)\Big|C_i=c_i,Z_{i-1}=z_{i-1}\Bigg]$$

$$= E_{\eta_{[i,n]}\hat{Y}_i=\hat{y}_i}\Bigg[\sum_{j=i}^{n} \beta_j^{(i)}\cdot\Big\{k_j\cdot\delta(\eta_j)+C_j\cdot\hat{Y}_{j+\lambda}-\alpha_j\cdot C_{j+1}\cdot\hat{X}_{j+\lambda+1}$$

$$+\beta_{j+\lambda}^{(i)}\cdot\ell_{j+\lambda}(\hat{Y}_{j+\lambda},C_{j+\lambda},Z_{j+\lambda})\Big\}$$

$$-C_i\cdot\hat{X}_{i+\lambda}+\sum_{j=i}^{i+\lambda-1}\beta_j^{(i)}\cdot\ell_j(\hat{Y}_j,C_j,Z_j)\Big|C_i=c_i,Z_{i-1}=z_{i-1}\Bigg]$$

Bei der letzten Umformung haben wir benutzt, daß

$$\sum_{j=i+1}^{n+1}\beta_j^{(i)}\cdot C_j\cdot\hat{X}_{j+\lambda}=\sum_{j=i}^{n}\beta_{j+1}^{(i)}\cdot C_{j+1}\cdot\hat{X}_{j+\lambda+1}=\sum_{j=i}^{n}\beta_j^{(i)}\cdot\alpha_j\cdot C_{j+1}\cdot\hat{X}_{j+\lambda+1}$$

gilt. Anschließend wurde die erste und die zweite Summe zusammengefaßt.

Unter Benutzung von (4.53) und (4.54) kann man das in (4.71) zuletzt erhaltene Resultat in der zu (4.58) analogen Form anschreiben:

(4.72) $\tilde{f}_{[i,n]}(c_i,\hat{y}_i,z_{i-1};\eta_{i-\lambda+1},\ldots,\eta_{i-1}\mid\eta_{[i,n]})$

$$=E_{\eta_{[i,n]},Y_i=y_i}\Bigg[\sum_{j=i}^{n}\beta_j^{(i)}\cdot\Big\{k_j\cdot\delta(\eta_j)$$

$$+C_j\cdot v_{[j,j+\lambda]}(\hat{Y}_j;\eta_{j-\lambda+1},\ldots,\eta_{j-1},\eta_j;Z_j,\ldots,Z_{j+\lambda-1})$$

$$-\alpha_j\cdot C_{j+1}\cdot g_{[j,j+\lambda]}(\hat{Y}_j;\eta_{j-\lambda+1},\ldots,\eta_{j-1},\eta_j;Z_j,\ldots,Z_{j+\lambda-1},Z_{j+\lambda})$$

$$+\beta_{j+\lambda}^{(j)}\cdot\ell_{j+\lambda}(v_{[j,j+\lambda]}(\hat{Y}_j;\eta_{j-\lambda+1},\ldots,\eta_{j-1},\eta_j;Z_j,\ldots,Z_{j+\lambda-1}),C_{j+\lambda},Z_{j+\lambda})\Big\}$$

$$-C_i \cdot g_{[i,i+\lambda-1]}(\hat{Y}_i;\eta_{i-\lambda+1},\ldots,\eta_{i-1};Z_i,\ldots,Z_{i+\lambda-1})$$

$$+\sum_{j=i}^{i+\lambda-1} \beta_j^{(i)} \cdot \ell_j(v_{[i,j]}(\hat{Y}_j;\eta_{i-\lambda+1},\ldots,\eta_{j-\lambda};Z_i,\ldots,Z_{j-1}),C_j,Z_j) \Big| C_i=c_i, Z_{i-1}=z_{i-1}\Big]$$

Aus (4.72) entnimmt man den durch die Politik $\eta_{[i,n]}$ nicht beeinflußbaren Kostenanteil zu:

(4.73) $$A_i(\hat{y}_i;\eta_{i-\lambda+1},\ldots,\eta_{i-1}|c_i,z_{i-1})+L_{[i,i+\lambda-1]}(\hat{y}_i;\eta_{i-\lambda+1},\ldots,\eta_{i-1}|c_i,z_{i-1})$$

$$:= E_{\hat{Y}_i=\hat{y}_i}\Big[-C_i \cdot g_{[i,i+\lambda-1]}(\hat{Y}_i;\eta_{i-\lambda+1},\ldots,\eta_{i-1};Z_i,\ldots,Z_{i+\lambda-1})$$

$$+\sum_{j=i}^{i+\lambda-1} \beta_j^{(i)} \cdot \ell_j(v_{[i,j]}(\hat{Y}_j;\eta_{i-\lambda+1},\ldots,\eta_{j-\lambda};Z_i,\ldots,Z_{j-1}),C_j,Z_j) \Big| C_i=c_i,Z_{i-1}=z_{i-1}\Big]$$

$$= -E\Big[C_i \cdot g_{[i,i+\lambda-1]}(\hat{y}_i;\eta_{i-\lambda+1},\ldots,\eta_{i-1};Z_i,\ldots,Z_{i+\lambda-1}) \Big| C_i=c_i,Z_{i-1}=z_{i-1}\Big]$$

$$+\sum_{j=i}^{i+\lambda-1} \beta_j^{(i)} \cdot E\Big[\ell_j(v_{[i,j]}(\hat{y}_i;\eta_{i-\lambda+1},\ldots,\eta_{j-\lambda};Z_i,\ldots,Z_{j-1}),C_j,Z_j) \Big| C_i=c_i,Z_{i-1}=z_{i-1}\Big],$$

wobei

(4.74) $$A_i(\hat{y}_i;\eta_{i-\lambda+1},\ldots,\eta_{i-1}|c_i,z_{i-1})$$

$$:=-E\Big[C_i \cdot g_{[i,i+\lambda-1]}(\hat{y}_i;\eta_{i-\lambda+1},\ldots,\eta_{i-1};Z_i,\ldots,Z_{i+\lambda-1}) \Big| C_i=c_i,Z_{i-1}=z_{i-1}\Big]$$

$$= -c_i \cdot \int_0^\infty \int_0^\infty \int_0^\infty \ldots \int_0^\infty \int_0^\infty g_{[i,i+\lambda-1]}(\hat{y}_i;\eta_{i-\lambda+1},\ldots,\eta_{i-1};z_i,\ldots,z_{i+\lambda-1})$$

$$dF_{i+\lambda-1}(z_{i+\lambda-1}|c_{i+\lambda-1},z_{i+\lambda-2})dG_{i+\lambda-1}(c_{i+\lambda-1}|z_{i+\lambda-2},c_{i+\lambda-2})$$

$$\cdots\cdots\cdots\cdots$$

$$dF_{i+1}(z_{i+1}|c_{i+1},z_i)dG_{i+1}(c_{i+1}|z_i,c_i)dF_i(z_i|c_i,z_{i-1})$$

ist und $L_{[i,i+\lambda-1]}(\hat{y}_i;\eta_{i-\lambda+1},\ldots,\eta_{i-1}|c_i,z_{i-1})$ wieder durch (4.59), (4.6o) definiert ist.

Den Term $A_i + L_{[i,i+\lambda-1]}$ lassen wir daher künftig fort und betrachten die durch die Politik $\eta_{[i,n]}$ beeinflußbaren Kosten, welche wir mit

$$\bar{f}_{[i,n]}(c_i,\hat{y}_i,z_{i-1};\eta_{i-\lambda+1},\ldots,\eta_{i-1}|\eta_{|i,n|})$$

bezeichnen. Dann gilt:

$$(4.75)\quad \bar{f}_{[i,n]}(c_i,\hat{y}_i,z_{i-1};\eta_{i-\lambda+1},\ldots,\eta_{i-1}|\eta_{[i,n]})$$

$$:= E_{\eta_{[i,n]},\hat{Y}_i=\hat{y}_i}\Bigg[\sum_{j=i}^{n} ß_j^{(i)}\cdot\Big\{k_j\cdot\delta(\eta_j)$$

$$+C_j\cdot v_{[j,j+\lambda]}(\hat{Y}_j;\eta_{j-\lambda+1},\ldots,\eta_{j-1},\eta_j;Z_j,\ldots,Z_{j+\lambda-1})$$

$$-\alpha_j\cdot C_{j+1}\cdot g_{[j,j+\lambda]}(\hat{Y}_j;\eta_{j-\lambda+1},\ldots,\eta_{j-1},\eta_j;Z_j,\ldots,Z_{j+\lambda-1},Z_{j+\lambda})$$

$$+ß_{j+\lambda}^{(j)}\cdot\ell_{j+\lambda}(v_{[j,j+\lambda]}(\hat{Y}_j;\eta_{j-\lambda+1},\ldots,\eta_{j-1},\eta_j;Z_j,\ldots,Z_{j+\lambda-1}),C_{j+\lambda},Z_{j+\lambda})\Big\}\Big|C_i=c_i,Z_{i-1}=z_{i-1}\Bigg]$$

Schreibt man (4.75) in der Form

$$(4.76)\quad \bar{f}_{[i,n]}(c_i,\hat{y}_i,z_{i-1};\eta_{i-\lambda+1},\ldots,\eta_{i-1}|\eta_{[i,n]})$$

$$= k_i\cdot\delta(\eta_i)+I_i(\hat{y}_i;\eta_{i-\lambda+1},\ldots,\eta_{i-1},\eta_i|c_i,z_{i-1})$$

$$-\alpha_i\cdot J_i(\hat{y}_i;\eta_{i-\lambda+1},\ldots,\eta_{i-1},\eta_i|c_i,z_{i-1})$$

$$+L_{i+\lambda}(\hat{y}_i;\eta_{i-\lambda+1},\ldots,\eta_{i-1},\eta_i|c_i,z_{i-1})$$

$$+\alpha_i\cdot E_{\eta_{[i,n]},\hat{Y}_i=\hat{y}_i}\Bigg[\sum_{j=i+1}^{n} ß_i^{(i+1)}\Big\{k_j\cdot\delta(\eta_j)$$

$$+C_j\cdot v_{[j,j+\lambda]}(\hat{Y}_j;\eta_{j-\lambda+1},\ldots,\eta_{j-1},\eta_j;Z_j,\ldots,Z_{j+\lambda-1})$$

$$-\alpha_j\cdot C_{j+1}\cdot g_{[j,j+\lambda]}(\hat{Y}_j;\eta_{j-\lambda+1},\ldots,\eta_{j-1},\eta_j;Z_j,\ldots,Z_{j+\lambda-1},Z_{j+\lambda})$$

$$+ß_{j+\lambda}^{(j)}\cdot\ell_{j+\lambda}(v_{[j,j+\lambda]}(\hat{Y}_j;\eta_{j-\lambda+1},\ldots,\eta_{j-1},\eta_j;Z_j,\ldots,Z_{j+\lambda-1}),C_{j+\lambda},Z_{j+\lambda})\Big|C_i=c_i,Z_{i-1}=z_{i-1}\Bigg]$$

wobei

$$(77)\quad I_i(\hat{y}_i;\eta_{i-\lambda+1},\ldots,\eta_{i-1},\eta_i|c_i,z_{i-1})$$

$$:=E\left[C_i\cdot v_{[i,i+\lambda]}(\hat{y}_i;\eta_{i-\lambda+1},\ldots,\eta_{i-1},\eta_i;Z_i,\ldots,Z_{i+\lambda-1})|C_i=c_i,Z_{i-1}=z_{i-1}\right]$$

$$=c_i\cdot\int_0^\infty\int_0^\infty\int_0^\infty\ldots\int_0^\infty\int_0^\infty v_{[i,i+\lambda]}(\hat{y}_i;\eta_{i-\lambda+1},\ldots,\eta_{i-1},\eta_i;z_i,\ldots,z_{i+\lambda-1})$$

$$dF_{i+\lambda-1}(z_{i+\lambda-1}|c_{i+\lambda-1},z_{i+\lambda-2})dG_{i+\lambda-1}(c_{i+\lambda-1}|z_{i+\lambda-2},c_{i+\lambda-2})$$

$$\cdots\cdots\cdots\cdots\cdots\cdots\cdots\cdots\cdots\cdots\cdots$$

$$dF_{i+1}(z_{i+1}|c_{i+1},z_i)dG_{i+1}(c_{i+1}|z_i,c_i)dF_i(z_i|c_i,z_{i-1})$$

$$(78)\quad J_i(\hat{y}_i;\eta_{i-\lambda+1},\ldots,\eta_{i-1},\eta_i|c_i,z_{i-1})$$

$$:=E\left[C_{i+1}\cdot g_{[i,i+\lambda]}(\hat{y}_i;\eta_{i-\lambda+1},\ldots,\eta_{i-1},\eta_i;Z_i,\ldots,Z_{i+\lambda-1},Z_{i+\lambda})|C_i=c_i,Z_{i-1}=z_{i-1}\right]$$

$$=\int_0^\infty\int_0^\infty\int_0^\infty\ldots\int_0^\infty\int_0^\infty c_{i+1}\cdot g_{[i,i+\lambda]}(\hat{y}_i;\eta_{i-\lambda+1},\ldots,\eta_{i-1},\eta_i;z_i,\ldots,z_{i+\lambda-1},z_{i+\lambda})$$

$$dF_{i+\lambda}(z_{i+\lambda}|c_{i+\lambda},z_{i+\lambda-1})dG_{i+\lambda}(c_{i+\lambda}|z_{i+\lambda-1},c_{i+\lambda-1})$$

$$\cdots\cdots\cdots\cdots\cdots\cdots\cdots\cdots\cdots\cdots\cdots$$

$$dF_{i+1}(z_{i+1}|c_{i+1},z_i)dG_{i+1}(c_{i+1}|z_i,c_i)dF_i(z_i|c_i,z_{i-1})$$

gesetzt wurde, und $L_{i+\lambda}(\hat{y}_i;\eta_{i-\lambda+1},\ldots,\eta_{i-1},\eta_i|c_i,z_{i-1})$ wieder durch (63) erklärt ist, so läßt sich analog zur Vorgangsweise in Abschnitt 1.4 aus (76) die nachstehende Rekursionsgleichung herleiten:

$$(79)\quad \bar{f}_{[i,n]}(c_i,\hat{y}_i,z_{i-1};\eta_{i-\lambda+1},\ldots,\eta_{i-1}|\eta_{[i,n]})$$

$$=k_i\cdot\delta(\eta_i)+I_i(\hat{y}_i;\eta_{i-\lambda+1},\ldots,\eta_{i-1},\eta_i|c_i,z_{i-1})$$

$$-\alpha_i\cdot J_i(\hat{y}_i;\eta_{i-\lambda+1},\ldots,\eta_{i-1},\eta_i|c_i,z_{i-1})$$

$$+L_{i+\lambda}(\hat{y}_i;\eta_{i-\lambda+1},\ldots,\eta_{i-1},\eta_i|c_i,z_{i-1})$$

$$+\alpha_i\cdot E\left[\bar{f}_{[i+1,n]}(C_{i+1},v_i(\hat{y}_i,\eta_{i-\lambda+1},Z_i),Z_i;\eta_{i-\lambda+2},\ldots,\eta_i|\eta_{[i,n]})|C_i=c_i,Z_{i-1}=z_{i-1}\right]$$

Mit

(80) $\bar{V}_i(\hat{y}_i;\eta_{i-\lambda+1},\ldots,\eta_{i-1},\eta_i|c_i,z_{i-1})$

$$:=I_i(\hat{y}_i;\eta_{i-\lambda+1},\ldots,\eta_{i-1},\eta_i|c_i,z_{i-1})-\alpha_i\cdot J_i(\hat{y}_i;\eta_{i-\lambda+1},\ldots,\eta_{i-1},\eta_i|c_i,z_{i-1})$$

$$+L_{i+\lambda}(\hat{y}_i;\eta_{i-\lambda+1},\ldots,\eta_{i-1},\eta_i|c_i,z_{i-1})$$

können wir für (79) auch schreiben:

(81) $\bar{f}_{[i,n]}(c_i,\hat{y}_i,z_{i-1};\eta_{i-\lambda+1},\ldots,\eta_{i-1}|\eta_{[i,n]})$

$$= k_i\cdot\delta(\eta_i)+\bar{V}_i(\hat{y}_i;\eta_{i-\lambda+1},\ldots,\eta_{i-1},\eta_i|c_i,z_{i-1})$$

$$+\alpha_i\cdot E\left[\bar{f}_{[i+1,n]}(C_{i+1},v_i(\hat{y}_i,\eta_{i-\lambda+1},Z_i),Z_i;\eta_{i-\lambda+2},\ldots,\eta_i|\eta_{[i,n]})\,\middle|\,C_i=c_i,Z_{i-1}=z_{i-1}\right]$$

Setzt man

(82) $\bar{f}_{[i,n]}(c_i,\hat{y}_i,z_{i-1};\eta_{i-\lambda+1},\ldots,\eta_{i-1}|\eta_{[i,n]})$

$$:= \inf_{\eta_{[i,n]}\geq 0}\left\{\bar{f}_{[i,n]}(c_i,\hat{y}_i,z_{i-1};\eta_{i-\lambda+1},\ldots,\eta_{i-1}|\eta_{[i,n]})\right\}$$

und nimmt man in der Rekursionsgleichung (81) die Infimumbildung vor - für die Herleitung des nachstehenden Resultats gilt dieselbe Begründung, die bereits auf S. 16 zur Herleitung von (1.33') aus (1.33) gegeben wurde - so erhält man die Rekursionsgleichung

(83) $\bar{f}_{[i,n]}(c_i,\hat{y}_i,z_{i-1};\eta_{i-\lambda+1},\ldots,\eta_{i-1})$

$$= \inf_{\eta_i\geq 0}\Big\{k_i\cdot\delta(\eta_i)+\bar{V}_i(\hat{y}_i;\eta_{i-\lambda+1},\ldots,\eta_{i-1},\eta_i|c_i,z_{i-1})$$

$$+\alpha_i\cdot E\left[\bar{f}_{[i+1,n]}(C_{i+1},v_i(y_i;\eta_{i-\lambda+1};Z_i),Z_i;\eta_{i-\lambda+2},\ldots,\eta_i)\,\middle|\,C_i=c_i,Z_{i-1}=z_{i-1}\right]\Big\}$$

oder also

$$(83')\quad \bar{f}_{[i,n]}(c_i,\hat{y}_i,z_{i-1};\eta_{i-\lambda+1},\ldots,\eta_{i-1})$$

$$= \inf_{\eta_i \geq 0} \Big\{ k_i \cdot \delta(\eta_i) + \bar{V}_i(\hat{y}_i;\eta_{i-\lambda+1},\ldots,\eta_{i-1},\eta_i | c_i,z_{i-1})$$

$$+\alpha_i \cdot \int_0^\infty \int_0^\infty \bar{f}_{[i+1,n]}(c_{i+1},v_i(\hat{y}_i;\eta_{i-\lambda+1};z_i),z_i;\eta_{i-\lambda+2},\ldots,\eta_i)$$

$$dG_{i+1}(c_{i+1}|z_i,c_i)dF_i(z_i|c_i,z_{i-1}) \Big\}$$

Beginnend mit

$$(84)\quad \bar{f}_{[n+1,n]}(c_{n+1},\hat{y}_{n+1},z_n;\eta_{n-\lambda+2},\ldots,\eta_n) := 0$$

lassen sich mittels (83) oder (83') die Funktionen $\bar{f}_{[i,n]}(\cdot,\cdot,;\cdot,\ldots,\cdot)$ der Variablen $c_i,\hat{y}_i,z_{i-1};\eta_{i-\lambda+1},\ldots,\eta_{i-1}$ nacheinander bestimmen und in $\bar{f}_{[1,n]}(c_1,\hat{y}_1,z_o;0,\ldots,0)$ erhält man die beeinflußbaren minimalen auf den Zeitpunkt t_o diskontierten erwarteten Lagerhaltungskosten der Perioden $1,2,\ldots,n,n+1,\ldots,n+\lambda$. Ist $\bar{f}_{[i,n]}(c_i,\hat{y}_i,z_{i-1};\eta_{i-\lambda+1},\ldots,\eta_{i-1})$ als Lösung der Funktionalgleichung (83) bestimmt, so erhalten wir in

$$(85)\quad \tilde{f}_{[i,n]}(c_i,\hat{y}_i,z_{i-1};\eta_{i-\lambda+1},\ldots,\eta_{i-1})$$

$$:= \bar{f}_{[i,n]}(c_i,\hat{y}_i,z_{i-1};\eta_{i-\lambda+1},\ldots,\eta_{i-1})$$

$$+A_i(\hat{y}_i;\eta_{i-\lambda+1},\ldots,\eta_{i-1}|c_i,z_{i-1})$$

$$+L_{[i,i+\lambda-1]}(\hat{y}_i;\eta_{i-\lambda+1},\ldots,\eta_{i-1}|c_i,z_{i-1})$$

die minimalen auf den Zeitpunkt t_{i-1} diskontierten, sich auf die Perioden $i,\ldots,n,n+1,\ldots,n+\lambda$ beziehenden erwarteten Lagerhaltungskosten.

Wir halten fest:

Existiert für unser Lagerhaltungsmodell vom Typ A bzw. B eine optimale Politik $\eta^*_{[1,n]}$, so besitzt die Funktionalgleichung (66) bzw. (79) mit der Anfangsbedingung (69) bzw. eine Lösung $\overset{(-)}{\hat{f}}_{[i,n]}(c_i,\hat{y}_i,z_{i-1};\eta_{i-\lambda+1},\ldots,\eta_{i-1})$, $i\in\{1,2,\ldots,n\}$ und besitzt umgekehrt die Funktionalgleichung (66) bzw. (79) mit der Anfangsbedingung (69) bzw. (84) eine Lösung $\overset{(-)}{\hat{f}}_{[i,n]}(c_i,\hat{y}_i,z_{i-1};\eta_{i-\lambda+1},\ldots,\eta_{i-1})$, $i\in\{1,2,\ldots,n\}$, so existiert eine optimale Politik

(86) $$\tilde{\eta}^*_{[1,n]} := (\tilde{\eta}^*_1,\ldots,\tilde{\eta}^*_i,\ldots,\tilde{\eta}^*_n) ,$$

wobei $\tilde{\eta}^*_i$ eine Stelle ist, bei der die Funktion $\overset{(-)}{\hat{H}}_i$, welche definiert ist durch

$$\overset{(-)}{\hat{H}}_i : \mathbb{R}_{(\geq 0)} \to \mathbb{R} \text{ mit } \eta_i \longmapsto \overset{(-)}{\hat{H}}_i(\eta_i;\hat{y}_i;\eta_{i-\lambda+1},\ldots,\eta_{i-1}|c_i,z_{i-1}) ,$$

wobei

(87) $$\overset{(-)}{\hat{H}}_i(\eta_i;y_i;\eta_{i-\lambda+1},\ldots,\eta_{i-1}|c_i,z_{i-1})$$
$$:= k_i\cdot\delta(\eta_i)+\overset{(-)}{\hat{V}}_i(\hat{y}_i;\eta_{i-\lambda+1},\ldots,\eta_{i-1},\eta_i|c_i,z_{i-1})$$
$$+\alpha_i\cdot\int_0^\infty\int_0^\infty \overset{(-)}{\hat{f}}_{[i+1,n]}(c_{i+1},v_i(\hat{y}_i;\eta_{i-\lambda+1};z_i),z_i;\eta_{i-\lambda+2},\ldots,\eta_{i-1},\eta_i)$$
$$dG_{i+1}(c_{i+1}|z_i,c_i)dF_i(z_i|c_i,z_{i-1})$$

ist, ihr Infimum annimmt, $i\in\{1,2,\ldots,n\}$. Wegen (88) muß also gelten:

$$\tilde{\eta}^*_i = \tilde{\eta}^*_i(c_i,\hat{y}_i,z_{i-1};\eta_{i-\lambda+1},\ldots,\eta_{i-1})$$
$$i\in\{1,2,\ldots,n\} .$$

Man erhält also der Reihe nach bei der Rückwärtsrechnung:

$$\tilde{\eta}^*_n(c_n,\hat{y}_n,z_{n-1};\eta_{n-\lambda+1},\eta_{n-\lambda+2},\ldots,\eta_{n-1})$$

. . . .

. . . .

. . . .

$$\tilde{\eta}^*_\lambda(c_\lambda,\hat{y}_\lambda,z_{\lambda-1};\eta_1,\eta_2,\ldots,\eta_{\lambda-1})$$

(89) $$\tilde{\eta}^*_{\lambda-1}(c_{\lambda-1},\hat{y}_{\lambda-1},z_{\lambda-2};0,\eta_1,\ldots,\eta_{\lambda-2})$$

. . . .

. . . .

. . . .

$$\tilde{\eta}^*_2(c_2,\hat{y}_2,z_2;0,0,\ldots,\eta_1)$$

$$\tilde{\eta}^*_1(c_1,\hat{y}_1,z_o;0,0,\ldots,0)\ .$$

Setzt man zur Abkürzung:

(9o) $$h_i := (c_i,\hat{y}_i,z_{i-1};c_{i-1},\hat{y}_{i-1},z_{i-2};\ldots;c_1,\hat{y}_1,z_o)$$

$$i \in \{1,2,\ldots,n\}\ ,$$

so erhält man durch Vorwärtsrechnung aus (89) der Reihe nach:

$$\eta^*_1(h_1) := \tilde{\eta}^*_1(c_1,y_1,z_o;0,0,\ldots,0)$$

$$\eta^*_2(h_2) := \tilde{\eta}^*_2(c_2,y_2,z_1;0,0,\ldots,\eta^*_1(h_1))$$

. . . .

. . . .

. . . .

$$\eta^*_i(h_i) := \tilde{\eta}^*_i(c_i,y_i,z_{i-1};\eta^*_{i-\lambda+1}(h_{i-\lambda+1}),\ldots,\eta^*_{i-1}(h_{i-1}))$$

. . . .

. . . .

. . . .

$$\eta^*_n(h_n) := \tilde{\eta}^*_n(c_n,y_n,z_{n-1};\eta^*_{n-\lambda+1}(h_{n-\lambda+1}),\ldots,\eta^*_{n-1}(h_{n-1}))$$

Für eine optimale Politik gilt also hier:

(91) $$\eta^*_{[1,n]} = (\eta^*_1(h_1),\ldots,\eta^*_i(h_i),\ldots,\eta^*_n(h_n))\ .$$

In der i-ten Periode wird damit die Vorgeschichte erfaßt durch h_i, $i \in \{1,2,\ldots,n\}$. Die optimale Politik dieses allgemeinen Modells ist also im allgemeinen von einer Struktur, die wesentlich komplizierter ist, als bei den vorher betrachteten Modellen mit $\lambda = 0$ oder $\lambda > 0$ mit Vormerkung der Nachfrage.

Wenn man nun auch theoretisch mittels (66) und (69) bzw. (83) und (84) die optimalen erwarteten Lagerhaltungskosten

$$f_{[i,n]}(c_i, y_i, z_{i-1}; \eta^*_{i-\lambda+1}(h_{i-\lambda+1}), \ldots, \eta^*_{i-1}(h_{i-1}))$$

$$i \in \{1,2,\ldots,n\}$$

sowie die optimale Politik

(92) $$\eta^*_{[1,n]} = (\eta^*_1(h_1), \ldots, \eta^*_i(h_i), \ldots, \eta^*_n(h_n))$$

rekursiv berechnen kann, so dürfen die Schwierigkeiten nicht übersehen werden, welche mit der Lösung einer Funktionalgleichung (66) bzw. (83) verbunden sind, deren Zustandsvektor die Dimension $\lambda+2$ besitzt. Für $\lambda \geq 2$ ist daher eine Minimierung mittels der Methoden der dynamischen Optimierung praktisch nicht mehr möglich. Zum anderen läßt sich die optimale Politik $\eta^*_{[1,n]}$ und insbesondere die optimale Bestellentscheidung der i-ten Periode

(93) $$\tilde{\eta}^*_i(c_i, \hat{y}_i, z_{i-1}; \eta_{i-\lambda+1}, \ldots, \eta_{i-1})$$

nicht mehr in einfacher Weise in Abhängigkeit von den $(\lambda+2)$ Parametern $c_i, \hat{y}_i, z_{i-1}; \eta_{i-\lambda+1}, \ldots, \eta_{i-1}$ charakterisieren.

Wir wollen noch kurz auf einige Spezialfälle eingehen. Liegt der back-order-case vor, wird also nicht befriedigte Nachfrage vorgemerkt, so spezialisieren sich die Transformationsgleichungen (49) und (5o) zu:

(94) $$\hat{X}_{i+1} = g_i(\hat{Y}_i,Z_i) := \hat{Y}_i - Z_i$$

(95) $$\hat{Y}_{i+1} = v_i(\hat{Y}_i;\eta_{i-\lambda+1};Z_i) = \hat{Y}_i + \eta_{i-\lambda+1} - Z_i$$

und die Transformationsgleichungen (53) und (54) lauten:

(96) $$\hat{X}_j = g_{[i,j-1]}(\hat{Y}_i;\eta_{i-\lambda+1},\ldots,\eta_{j-\lambda-1};Z_i,\ldots,Z_{j-1})$$

$$:= \hat{Y}_i + \sum_{k=i+1}^{j-1} \eta_{k-\lambda} - \sum_{k=i}^{j-1} Z_k \quad ,$$

$$\forall j \in \{i+2,\ldots,i+\lambda,i+\lambda+1\}$$

bzw.

(97) $$\hat{Y}_j = v_{[i,j]}(\hat{Y}_i;\eta_{i-\lambda+1},\ldots,\eta_{j-\lambda-1},\eta_{j-\lambda};Z_i,\ldots,Z_{j-1})$$

$$:= \hat{Y}_i + \sum_{k=i+1}^{j} \eta_{k-\lambda} - \sum_{k=i}^{j-1} Z_k \quad ,$$

$$\forall j \in \{i+1,\ldots,i+\lambda\} .$$

Man überzeugt sich leicht, daß damit die Rekursionsgleichung (66) mit der Anfangsbedingung (67) übergeht in die Rekursionsgleichung (12) mit der Anfangsbedingung (13). Wie in Abschnitt 4.1.1 nachgewiesen wurde, gelingt in diesem Fall durch die Einführung der disponiblen Lagerbestände die Zurückführung der Funktionalgleichungen (66), (67), bei denen ja der Zustandsvektor die Dimension (λ+2) besitzt, auf die Funktionalgleichungen (25), (26) bei Modell A bzw. (37), (39) bei Modell B. Bei diesen Funktionalgleichungen besitzt der Zustandsvektor nur die Dimension 3, ferner sind sie von ihrer Struktur her in derselben Weise aufgebaut wie die entsprechende Funktionalgleichung im Fall λ = 0. Daher läßt sich im back-order-case die Optimalität einer (s,S)-Politik unter denselben Voraussetzungen nachweisen, wie dies in Abschnitt 2 bzw. 3 durchgeführt wurde.

Wenden wir uns jetzt noch kurz dem lost-sales-case zu, bei dem nicht befriedigte Nachfrage verlorengeht. Hier spezialisieren sich die Transformationsgleichungen (49) und (5o) zu:

$$\hat{X}_{i+1} = g_i(\hat{Y}_i, Z_i) := \max\{0; \hat{Y}_i - Z_i\} \tag{98}$$

$$\hat{Y}_{i+1} = v_i(\hat{Y}_i; \eta_{i-\lambda+1}; Z_i) := \max\{\eta_{i-\lambda+1}; \hat{Y}_i + \eta_{i-\lambda+1} - Z_i\}. \tag{99}$$

Durch vollständige Induktion weist man leicht nach, daß die Transformationsgleichungen (53) und (54) hier lauten:

$$\begin{aligned} \hat{X}_j &= g_{[i,j-1]}(\hat{Y}_i; \eta_{i-\lambda+1}, \ldots, \eta_{j-\lambda-1}; Z_i, \ldots, Z_{j-1}) \\ &=: \max\Big\{0; \eta_{j-1-\lambda} - Z_{j-1}; \eta_{j-2-\lambda} + \eta_{j-1-\lambda} - Z_{j-2} - Z_{j-1}; \\ &\qquad \ldots \\ &\qquad ; \sum_{k=i+2}^{j-1} \eta_{k-\lambda} - \sum_{k=i+1}^{j-1} Z_k; \hat{Y}_i + \sum_{k=i+1}^{j-1} \eta_{k-\lambda} - \sum_{k=i}^{j-1} Z_k\Big\} \\ &\qquad \forall\, j \in \{i+2, \ldots, i+\lambda, i+\lambda+1\} \end{aligned} \tag{1oo}$$

$$\begin{aligned} \hat{Y}_j &= v_{[i,j]}(\hat{Y}_i; \eta_{i-\lambda+1}, \ldots, \eta_{j-\lambda-1}; \eta_{j-\lambda}; Z_i, \ldots, Z_{j-1}) \\ &= \max\Big\{\eta_{j-\lambda}; \eta_{j-1-\lambda} + \eta_{j-\lambda} - Z_{j-1}; \eta_{j-2-\lambda} + \eta_{j-1-\lambda} + \eta_{j-\lambda} - Z_{j-2} - Z_{j-1} \\ &\qquad \ldots \\ &\qquad ; \sum_{k=i+2}^{j} \eta_{k-\lambda} - \sum_{k=i+1}^{j-1} Z_k; \hat{Y}_i + \sum_{k=i+1}^{j} \eta_{k-\lambda} - \sum_{k=i}^{j-1} Z_k\Big\}. \end{aligned} \tag{1o1}$$

Wegen (99) gehen die Rekursionsgleichungen (66') bzw. (83') über in:

$$\begin{aligned} &\overset{(-)}{\hat{f}}_{[i,n]}(c_i, y_i, z_{i-1}; \eta_{i-\lambda+1}, \ldots, \eta_{i-1}) \\ &= \inf_{\eta_i \geq 0} \Big\{ k_i \cdot \delta(\eta_i) + \overset{(-)}{\hat{V}}_i(\hat{y}_i; \eta_{i-\lambda+1}, \ldots, \eta_{i-1}, \eta_i \,|\, c_i, z_{i-1}) \end{aligned} \tag{1o2}$$

$$+\alpha_i \cdot \left(\int_0^{\hat{y}_i+\eta_{i-\lambda+1}} \int_0^{\infty} \hat{f}^{(-)}_{[i+1,n]}(c_{i+1}, \hat{y}_i+\eta_{i-\lambda+1}-z_i, z_i; \eta_{i-\lambda+2}, \dots, \eta_i) \right.$$

$$dG_{i+1}(c_{i+1} | z_i, c_i) dF_i(z_i | c_i, z_{i-1})$$

$$+ \int_{\hat{y}_i+\eta_{i-\lambda+1}}^{\infty} \int_0^{\infty} \hat{f}^{(-)}_{|i+1,n|}(c_{i+1}, \eta_{i-\lambda+1}, z_i; \eta_{i-\lambda+2}, \dots, \eta_i)$$

$$\left. dG_{i+1}(c_{i+1} | z_i, c_i) dF_i(z_i | c_i, z_{i-1}) \right) \Big\} .$$

Beginnend mit

$$\hat{f}^{(-)}_{[n+1,n]}(c_{n+1}, \hat{y}_{n+1}, z_n; \eta_{n-\lambda+2}, \dots, \eta_n) := 0 \tag{1o3}$$

ist die Funktionalgleichung (1o2) rekursiv zu lösen.

Man erkennt, daß die Bestimmung einer Lösung der Funktionalgleichung (1o2) für den lost-sales-case bereits mit den gleichen Schwierigkeiten behaftet ist, die bei der Ermittlung der Lösung der allgemeinen Funktionalgleichungen (66') bzw. (83') auftreten.

5. Literaturverzeichnis

[1] Arrow, K. J.; Harris, T.; Marschak, J.: Optimal Inventory Policy. Econometrica, Vol. 19, pp. 25o - 273 (1951).

[2] Athans, M.; Falb, P. L.: Optimal Control. New York 1966, McGraw Hill.

[3] Bauer, H.: Wahrscheinlichkeitstheorie und Grundzüge der Maßtheorie. 2. Aufl. Berlin - New York 1974, Walter de Gruyter.

[4] Fabian, T.; Fisher, J. L.; Sasieni, W. M.; Yardeni, A.: Purchasing raw material on a fluetuating market. Operation Research, Vol. 7, pp. 1o7 - 122 (1959).

[5] Hinderer, K.: Foundation of nonstationary dynamic programming with discrete time parameter. Berlin - Heidelberg - New York 197o, Springer-Verlag.

[6] Hochstädter, D.: Stochastische Lagerhaltungsmodelle. Berlin - Heidelberg - New York 1969, Springer-Verlag.

[7] Iglehart, D.: Dynamic programming and stationary analysis of inventory problem. Chap. 7 of: Scarf, H.; Gilford, D.; Shelly, M. (eds.) Multistage inventory models and techniques. Stanford 1963, Stanford University Press.

[8] Iglehart, D.: Optimality of (s,S) policies in the infinite horizon dynamic inventory problem. Management Sci., Vol. 9 (1963), pp. 259 - 267.

[9] Kalymon, B. A.: Stochastic prices in a single-item inventory purchasing model. Operations Research, Vol. 19 (1971), pp. 1434 - 1458.

[1o] Karlin, S.; Fabens, A. J.: A Stationary Inventory Model with Markovian demands. In: Arrow, K.; Karlin, S.; Suppes, P. (eds): Mathematical methods in social sciences. Stanford 196o, Stanford University Press.

[11] Karlin, S.; Fabens, A. J.: Generalized renewal functions and stationary inventory models. Journal Math. Anal. Appl., Vol. 5 (1962), pp. 461 - 487.

[12] Kingsman, B. G.: Commodity Purchasing. Operational Research Quarterly, Vol. 2o, pp. 59 - 8o (1969).

[13] Klemm, H.; Mikut, M.: Lagerhaltungssysteme. Berlin 1972, Verlag Die Wirtschaft.

[14] Kolberg, F.: Optimalität einer (s,S)-Politik bei Lagerhaltungsmodellen mit stochastisch abhängigem Preis-Nachfrageprozeß. Erscheint im ZAMM.

[15] Neumann, Kl.: Operations Research Verfahren. Band II: Dynamische Optimierung, Lagerhaltung, Simulation, Warteschlangen. München - Wien 1977, Carl Hanser Verlag.

[16] Scarf, H.: The optimality of (S,s) policies in the dynamic inventory problem. Chap. 13 of: Arrow, K.; Karlin, S.; Suppes, P. (eds.): Mathematical methods in social sciences. Stanford 196o, Stanford University Press.

[17] Veinott, A. F. Jr.: On the optimality of (s,S)-inventory policies: New conditions and a new proof. J. SIAM Appl. Math., Vol. 14 (1966) pp. 1o67 - 1o83.

[18] Veinott, A. F. Jr.: Optimal stockage policies with nonstationary stochastic demands. Chap. 4 of: Scarf, H.; Gilford, D.; Shelly, M. (eds.): Multistage inventory models and techniques. Stanford 1963, Stanford University Press.

[19] Veinott, A. F. Jr.: Optimal policy for a multiproduct, dynamic nonstationary inventory problem. Management Sci., Vol. 12 (1965), pp. 2o6 - 222.

[2o] Veinott, A. F. Jr.: Optimal policy in a dynamic, single product, nonstationary inventory model with several demand classes. Operations Research, Vol. 13 (1965), pp. 761 - 778.

[21] Veinott, A. F. Jr.; Wagner, H.: Computing optimal (s,S) inventory policies. Management Sci., Vol. 11 (1965), pp. 525 - 552.

[22] Zabel, E.: A note on the optimality of (S,s) policies in inventory theory. Management Sci., Vol. 9 (1962), pp. 123 - 125.